探索昆虫世界的无穷奥秘

# 昆虫百科

## 全书

KUNCHONG BAIKE QUANSHU

梁剑丽●主编

北京工艺美术出版社

图书在版编目（CIP）数据

昆虫百科全书/梁剑丽主编. — 北京：北京工艺美术出版社，2018.6
　　ISBN 978-7-5140-1338-2

　　Ⅰ.①昆…　Ⅱ.①梁…　Ⅲ.①昆虫–青少年读物
Ⅳ.①Q96-49

中国版本图书馆CIP数据核字（2017）第174936号

出　版　人：陈高潮
责任编辑：张怀林
装帧设计：子　时
图片提供：www.quanjing.com
　　　　　CFP@视觉中国
责任印制：宋朝晖

## 昆虫百科全书

梁剑丽　主编

| | | |
|---|---|---|
| 出　　版 | 北京工艺美术出版社 | |
| 发　　行 | 北京美联京工图书有限公司 | |
| 地　　址 | 北京市朝阳区化工路甲18号 | |
| | 中国北京出版创意产业基地先导区 | |
| 邮　　编 | 100124 | |
| 电　　话 | (010) 84255105（总编室） | |
| | (010) 64283627（编辑室） | |
| | (010) 64280045（发　行） | |
| 传　　真 | (010) 64280045/84255105 | |
| 网　　址 | www.gmcbs.cn | |
| 经　　销 | 全国新华书店 | |
| 印　　刷 | 北京中振源印务有限公司 | |
| 开　　本 | 720毫米×1020毫米　1/16 | |
| 印　　张 | 20 | |
| 版　　次 | 2018年6月第1版 | |
| 印　　次 | 2018年6月第1次印刷 | |
| 印　　数 | 1～5000 | |
| 书　　号 | ISBN 978-7-5140-1338-2 | |
| 定　　价 | 56.00元 | |

# PREFACE 前言

　　从沙漠到丛林，从冰原到山地，从小溪到低洼的死水塘和温泉，每一个淡水或陆地栖所，只要有食物，就会有昆虫的身影。无论是色彩缤纷的蝴蝶、采花酿蜜的蜜蜂，还是吐丝结茧的蚕宝宝、引吭高歌的知了，抑或是争强好斗的蛐蛐、星光闪烁的萤火虫、憨厚可爱的小瓢虫、举着一对大刀怒目圆睁的螳螂……都深深吸引着人们好奇的目光。

　　别看昆虫的个头小，它们可是动物界种类最繁多、数量最庞大的一族！成长千变万化，幼虫、成虫大不同！超完美的伪装术，迷惑捕食者！"社会"分工还很严密，昆虫的世界一定会让你啧啧称奇！这些其貌不扬的成员都拥有一片独立的小天地，或盘踞空中，或横扫地面，或侵入地下空间，并且习性都十分古怪。它们是怎样生活的呢？它们的世界与我们的世界有什么不同呢？

　　昆虫王国是个充满乐趣的世界，也有着奇闻怪事。在探索昆虫世界的过程中，你一定有过这样的疑问：什么样的虫子是昆虫？昆虫为什么都那么小？蜻蜓是如何飞起来的？苍蝇、蚊子为什么能够飞得那么快？蟋蟀的声音是从哪里发出的？肉乎乎的毛毛虫怎么就变成五彩缤纷的蝴蝶了呢？蜘蛛为什么会织网，它的肚子里有丝线吗？小朋友，接下来，请翻开你手中的这本书，让我们一起来揭开昆虫世界的秘密吧！

　　本书分为认识昆虫、甲虫大军、蝶蛾王国、蜂蚁来袭等部分，内容集知识性、趣味性、科学性于一体，叙述方式新颖独特。书中精心挑选了两百余种世界珍奇昆虫，结合昆虫学的最新发现及研究成果，以轻松、活泼、有趣的语言介绍了昆虫的历史、分类、形体、结构、行为、生活习性等方面的内容，并附有相关的"千奇百怪"、"昆虫研究室"等栏目，多层次、全方位地

展现庞杂而生动的昆虫世界。同时，书中还配有大量精美图片，使小朋友在学习知识的同时，获得更为广阔的文化视野、审美享受和想象空间。

通过阅读本书你会了解到，昆虫也跟我们人类一样：生老病死、成家生子，有属于自己的生活。它们有的是大块头，而有些却十分渺小；有的一生只能存活几个小时，而有的寿命却可以达到50年。更奇怪的是，有的昆虫不用吃东西就可以生存……你是不是觉得这些就已经很酷了呢？书中还有更多令人称奇的知识哟！想了解昆虫世界的一切，那就翻开本书一起探索吧！

我们相信，这本书的出版一定能够让更多小朋友喜欢上昆虫——这种数量庞大、形态万千的小动物，然后去充分体味人与自然和谐相处的奇妙感受，并唤起他们保护昆虫的意识，积极地与危害昆虫及其他野生动物的行为做斗争，保护人类和野生动物赖以生存的地球，为野生动物保留一个自由自在的家园。

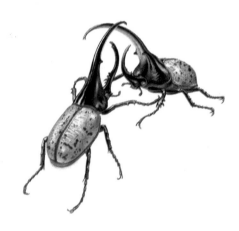

# CONTENTS 目录

## 第一章　认识昆虫

## 第二章　昆虫与人类

## 第三章　打击"盗版"——它们不是昆虫

## 第四章　人见人爱的益虫

第五章　臭名昭著的害虫

## 第六章　　蜂蚁来袭

## 第七章　　蝶蛾王国

## 第八章　甲虫大军

# 1
## 第一章

# 认识昆虫

# 昆虫到底什么样

**▶▶ KUNCHONG DAODI SHENME YANG**

夏天一到，昆虫立刻活跃起来。盘旋在河面上的蜻蜓、飞舞于花间的蝴蝶、嗡嗡叫的苍蝇、到处吸血的蚊子……仔细观察，这些家伙在外形上有什么共同特征呢？

##  给昆虫画像

昆虫是节肢动物门中最大的一纲，成虫身体分为头、胸、腹3部分。头部有触角（1对）、眼、口器等；胸部有3对足，2对或1对翅膀，某些昆虫没有翅膀；腹部有节，两侧有气门（呼吸器官）。昆虫大多会经历卵、幼虫、蛹、成虫4个发育阶段。通常，我们判断某只虫子是不是昆虫，从它的身体结构上就可以判断出来。

这些在生活中随处可见的昆虫，是地球上种类最多的群体。

▼甲虫外部结构图

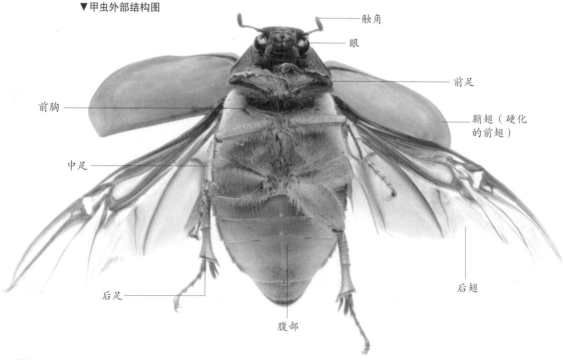

触角

眼

前足

前胸

鞘翅（硬化的前翅）

中足

后足

后翅

腹部

# 昆虫的历史

经历了酷热、严寒，一部分昆虫死去了，一部分
昆虫活下来了。这些活下来的昆虫，跨越几
亿年的光阴，向我们证明了它们的生命力有多顽强。

##  琥珀中的历史

昆虫是世界上最古老的生物群之一，但留下来的史前
昆虫化石却很少。目前，已发现的史前昆虫化石大多是保存
在琥珀里的。琥珀将昆虫刹那的动作定格，就如同将正在播
放的动画片暂停一样，让人们通过定格的画面联想出当时动
态的场景来。

有一块琥珀化石，定格的是一只史前的蚂蚁正在捕
食蚊子状昆虫的画面：蚂蚁仍然保持战斗姿态，上
颚紧紧夹着蚊子状昆虫的腿；蚊子状昆虫则拼命
挣扎。双方正战斗得如火如荼时，"啪嗒"，从大
树上掉下来一滴黏稠的树脂，将蚂蚁与蚊子状
昆虫通通裹在里面。经过上亿年的光阴，树脂
变成了一颗琥珀。后来，人们发现了这颗晶莹
的琥珀，并根据这颗琥珀推测出蚂蚁最初的巢穴
可能在地面上，后来因为群居，需要一个空间更
大的巢穴，才转到地下的。

▶琥珀

##  昆虫的祖先

昆虫的祖先是生活在水中的，
它们像蚯蚓一样，身体由多节组
成，前端环节上生有刚毛。这些
刚毛是昆虫祖先的感觉器官，在
昆虫祖先运动时不断触摸着周围的
物体，帮助它们判断环境，探寻食
物。在昆虫祖先的头和第一环节间
的下面，有一个取食的小孔，那就
是它们的"嘴巴"。

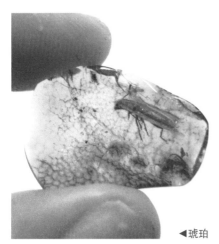

◀琥珀

 **登陆**

经过数亿年的进化，昆虫的身体构造发生了巨大变化，多环节的身体已经能明显区分出头、胸、腹 3 大部分，同时它们也成功登陆，开始适应陆地上的生活。到了泥盆纪（4.17 亿年前 ~ 3.54 亿年前）末期，有些昆虫长出了翅膀。在泥盆纪以后的亿万年时间内，地球环境有过多次剧烈变化，一部分昆虫被淘汰，一部分昆虫强悍地生存下来。在这些适应了环境的昆虫中，有很多种类一直延续到现在。

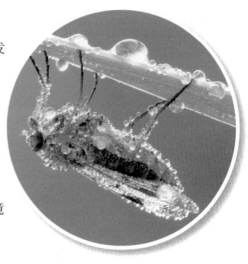

 **进一步演化**

石炭纪（3.54 亿年前 ~ 2.92 亿年前）时期，地球上的植物十分繁茂，这让以植物为主食的昆虫非常高兴，它们再也不用为食物发愁，可以专心地繁殖下一代了。这一时期是昆虫演变最快的时期，出现了很多大昆虫，比如巨脉蜻蜓。巨脉蜻蜓的翅展接近 1 米，和老鹰的翅展差不多大。巨脉蜻蜓是地球上有史以来最大的昆虫，以其他昆虫和小型爬行动物为食。这种昆虫飞翔能力一般不高，有些科学家甚至认

▼巨脉蜻蜓复原图

▼角蝉

◀巨脉蜻蜓化石

为它们只是在滑翔，而非真正地飞翔。

 **灾难降临**

　　到了中生代（2.5 亿年前 ~ 6550 万
年前），昆虫遇到了恐怖的灾难：地球干
旱，植物大面积死亡，只剩下水边的小
面积森林。此时昆虫的食物严重不足，
一部分昆虫又被淘汰了，剩下的昆虫也生存得十分艰难。

▲这是三叶虫化石。有人认为，昆虫是由三叶虫
等登陆后演变而来的。

▼椿象

 **白垩纪至今**

　　好在到了中生代后期——白垩纪时期，这种
艰难的局面被打破了。
　　白垩纪时期，地球上的近代植物群已经
形成，显花类植物种类增加，依靠花蜜为生
的昆虫和捕食性昆虫的数量不断增多。这一
时期，哺乳动物和鸟类的数量大幅度增加，
寄生在其他动物身上的昆虫也应运而生。至
此，现代昆虫的类目基本确定。

# 昆虫的外部形态

**>> KUNCHONG DE WAIBU XINGTAI**

大家都说：麻雀虽小，五脏俱全。意思是麻雀虽然身材娇小，但各种器官完备。其实，比麻雀更小的昆虫，也是各种器官都完备呢。

本节我们来了解一下昆虫的外部器官。昆虫的外部器官分布得非常合理，感觉和取食器官分布在头部，运动器官分布在胸部，新陈代谢和生殖器官分布在腹部。

##  头部器官

昆虫的头部有口器、触角、眼。

口器是昆虫的取食器官，主要分为咀嚼式口器、刺吸式口器、虹吸式口器、舐吸式口器、嚼吸式口器等。

触角是昆虫的感觉器官，主要有触觉和嗅觉等功能。某些昆虫还利用触角听声音、平衡身体、辅助呼吸等。昆虫的触角由柄节、梗节、鞭节构成，分为丝状触角、羽毛状触角、棒状触角、念珠状触角、锯齿状触角等。

昆虫的眼分为复眼和单眼两种。复眼由无数个六角形小眼组成，能够帮助昆虫有效地确定自己与猎物、敌人之间的距离、方位，进而在最短时间内做出捕食或逃

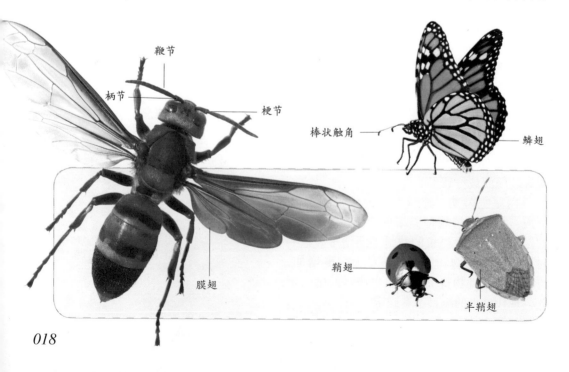

鞭节

柄节

梗节

棒状触角

鳞翅

膜翅

鞘翅

半鞘翅

跑的动作。单眼的视觉功能非常弱，仅能感觉到光的强弱，无法看清物体的具体形象、位置。单眼分背单眼和侧单眼两种，侧单眼只有部分幼虫才有。

复眼

开掘足

携粉足

游泳足

步行足

捕捉足

## 胸部器官

昆虫的胸部有足和翅。

昆虫的足有很多种类型，有步行足、跳跃足、捕捉足、开掘足、游泳足、抱握足、携粉足等。从这些名称上就能知道昆虫足的功能，比如携粉足，就是携带花粉的足，蜜蜂的后足就是携粉足。

昆虫的翅多为三角形，分为膜翅、鳞翅、缨翅、覆翅、鞘翅、半鞘翅、平衡棒等类型。各种翅的名称都是根据翅的形态来命名的，比如鳞

**你知道吗**

昆虫的外部器官缺一不可，而如果没有体壁的连接、保护，这些器官根本无法发挥作用。

昆虫的体壁由3部分组成：表皮层、皮细胞层、底膜。体壁外侧坚硬，充满弹性和韧性，能保持昆虫的体形、支撑身体，还能防止体内水分过度蒸发和微生物等外来物质入侵。

翅，就是均匀覆盖着细小鳞片的翅膀，如蝴蝶的翅膀。在各种翅中，最有趣的是平衡棒，它如同两根小棒，分布在昆虫的胸部两侧。平衡棒其实是昆虫退化的后翅，只存在于蚊、蝇等双翅目昆虫身上。

## 腹部器官

昆虫的腹部一般由9～11节构成。1～8节的侧面各有一对气门，这是昆虫的外呼吸孔。8～9节上，有昆虫的外生殖器。昆虫妈妈通过外生殖器和昆虫爸爸交配，就能生下昆虫宝宝啦！

# 昆虫的爱情
## ▶▶ KUNCHONG DE AIQING

**人**类成年以后，男女之间会产生爱情，他们会相恋、结婚、生子，相守一生。那么昆虫的爱情，又是怎样的呢？

▲萤火虫

###  爱情的光芒

让我们先来看看萤火虫的爱情吧。夏天的夜晚，我们常能看见草丛间有亮光在闪动，这是雄性萤火虫在寻找自己的"爱人"呢。雄性萤火虫腹部末端会发光，这是它们向雌性萤火虫求爱的信号。一旦雌性萤火虫接受这种求爱信号，雄性萤火虫就会飞下来，与"爱人"共浴爱河。

▼蟋蟀

### 孤独的歌手

性格孤僻的蟋蟀先生用声音呼唤"爱人"。每到交配时节，蟋蟀先生就会大力摩擦前翅，发出悠长而有节奏的声音，呼唤着蟋蟀小姐。如果蟋蟀小姐被这声音感动了，就会找到蟋蟀先生，与它交配。可惜的是，蟋蟀小姐不会发出声音，无法与蟋蟀先生一唱一和。

### 擂台争霸赛

很多雄性甲虫，会用武力争夺自己的爱情。比如犀金龟，它们会为了争夺雌性而"打擂台"。漆黑的夜晚，几只雄性犀金龟顶着头上的角，狠狠地向同性竞争者刺去，直到"擂台"上只剩下最强壮的为止。雌性犀金龟会将自己的爱交付给"擂台冠军"，与它交配。

## 凄美的爱情

螳螂的爱情有些凄美。雄螳螂经过千辛万苦，终于追求到心仪的雌螳螂，并小心翼翼地与雌螳螂交配。可雌螳螂太彪悍了，前一刻还闭着

▲犀金龟

眼睛享受爱情的甜蜜呢，下一刻就睁开眼睛，张嘴咬掉雄螳螂的头，然后一口一口地将雄螳螂吃掉。有人说，雌螳螂这么做是因为遭到了雄螳螂的攻击；也有人说，雌螳螂是为了补充产卵时所需的营养和能量。这其中的奥妙昆虫学家还在继续探究呢。

## 蜻蜓在"搏斗"

蜻蜓表达爱意的方式有点儿特别。当雄蜻蜓与雌蜻蜓确定恋爱关系后，它们会互相抓着对方，在空中飞行着交配。乍一看，好像它们在互相咬着对方搏斗。不知情的人，还以为它们夫妻吵架了呢。

昆虫各种各样的交配方式都是为了更好地适应环境。在漫长岁月的检验下，每种昆虫都找到了最适合自己的交配方式，为培育更多的下一代尽最大的努力。

▲螳螂

▼蜻蜓交尾

# 昆虫的孵化室
### ▶▶ KUNCHONG DE FUHUASHI

▲蟋蟀

**昆**虫的卵形状各异，有米粒状、球状、鱼子状、小扁圆状等。这么看来，观察昆虫的卵会很有趣。不过，你要去不同的地方观察哟！因为昆虫妈妈会将卵产在既远离天敌又适宜后代成长的地方。

 ## 地下孵化室

蟋蟀妈妈将卵产在地下。交配后，蟋蟀妈妈会找到一块松软、湿润的土壤，将产卵管伸入其中并产卵。孕育卵、产卵，基本上已经耗光了蟋蟀妈妈的全部精力，它们可能会在产卵不久后死去。蝗虫妈妈也喜欢将卵产在地下，不过，蝗虫妈妈身体较强壮，产卵后依然健康。

 ## 水中孵化室

蜻蜓妈妈一般将卵产在水里。我们常看到蜻蜓用尾巴在水面上一点一点地，这就是蜻蜓妈妈在产卵呢。为了将卵产在水草上，蜻蜓妈妈要努力将尾巴伸入水中。如果水草太深了，蜻蜓爸爸偶尔也会帮忙。蜻蜓爸爸用尾尖勾住蜻蜓妈妈的头部，用力拖着蜻蜓妈妈，让蜻蜓妈妈能够将卵产在最好的位置上。还有很多昆虫也将卵产在水中，比如蚊子妈妈，它们也觉得将卵产在水中比较适宜。

▼蜻蜓产卵

###  植物孵化室

蝴蝶喜欢各种植物，蝴蝶妈妈会将卵产在植物上。产卵前，蝴蝶妈妈会找到最利于幼虫生长的植物，然后将卵产在最合适的叶子上。不过，蝴蝶妈妈是粗心的妈妈，产卵之后，一般不会给卵再做些保护措施。

▲ 蝴蝶

▼ 蝴蝶卵

###  暖房孵化室

蠼螋妈妈是最伟大的妈妈。蠼螋妈妈会找一个温暖的地方产卵，并一直守护着它们，直到自己死去。蠼螋妈妈护子心切，堪比鸡妈妈。很多蠼螋妈妈产卵后会疲劳地死去，将身体当作食物留给孩子。蠼螋妈妈至死都放不下对孩子的爱，实在让人动容。

### 爸爸的背上和巢穴内

负子蝽妈妈是最清闲的妈妈了。交配后，负子蝽妈妈会将卵产在负子蝽爸爸的背上，由负子蝽爸爸照顾这些卵，负子蝽妈妈则无事一身轻啦！

蜂后和蚁后在交配过后，基本不会再离开巢穴了，它们将卵产在巢穴中，由工蜂或工蚁照顾。

昆虫妈妈们产卵的地点不一，但它们都不约而同地选择了对后代最有利的地方，这是它们母爱的一种表达，也是保证后代繁衍生息的有效方式。

▼ 蝈蝈产卵

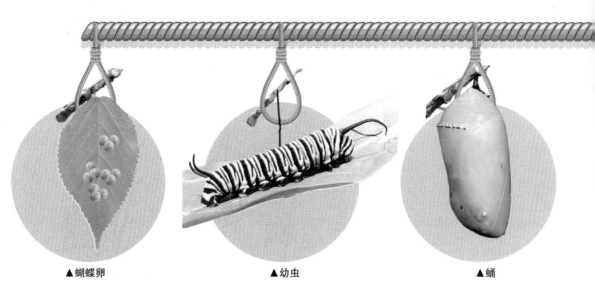

▲蝴蝶卵　　　　　　　　　▲幼虫　　　　　　　　　▲蛹

# 昆虫的成长

▶▶ KUNCHONG DE CHENGZHANG

**完全变态**

**昆**虫的成长方式分为完全变态和不完全变态两种。这个"变态"，指的是昆虫形
态的变化。幼虫长得和父母完全不一样的昆虫，即完全变态昆虫；幼虫和父
母长相相似，就是个子较小且某些器官没有发育成熟的昆虫，即不完全变态昆虫。

## 完全变态

　　完全变态昆虫要经历卵、幼虫、蛹、成虫 4 个阶段，才能完全成长起来。蝴蝶就
是典型的完全变态昆虫。

　　雌蝴蝶将卵产在植物上，若干天后，卵内的幼虫长大了，开始啃咬卵的硬壳。卵
壳破裂后，幼虫便爬了出来。

▼黑脉金斑蝶

蝴蝶的幼虫肉乎乎的，有好多条腿，沿
着树干、花茎爬上爬下，专门挑最嫩的叶子
吃。幼虫要蜕皮数次，
每蜕皮一次，身体就要
长大许多，胃口自然也
随之变大了。

　　找到最安全的结
蛹之处后，蝴蝶幼虫开
始吐丝，将自己吊挂起
来，进入预蛹期。经过
几十个小时的预蛹期，
蝴蝶幼虫进行一生中的
最后一次蜕皮，进入

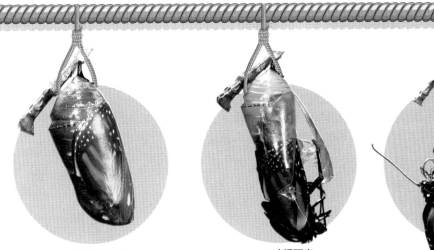

▲严阵以待　　　　　　▲破蛹而出

▲我出来啦！

蛹期。蛹在这一阶段一动不动，外表不发生一丝变化，其实内部的变化巨大着呢：蛹内原来幼虫的一些组织和器官被破坏，新的成虫的组织和器官逐渐形成。

　　蛹内的成虫成熟以后，就会破蛹而出，这个过程叫"羽化"。此时的蝴蝶还不能立刻飞翔，两对翅膀又小又皱的。十几分钟后，皱巴巴的小翅膀就会丰盈起来，蝴蝶就能翩翩起舞了。

##  不完全变态

　　不完全变态昆虫要经历卵、若虫、成虫3个阶段，才能完全成长起来。蝗虫是不完全变态昆虫的代表。

　　蝗虫卵经过温暖、湿润的土壤的孵化，不久就会钻出幼虫来。蝗虫的幼虫和成虫长得很像，就是身体小了很多，生殖器官尚未发育成熟。这种和父母长得很像的昆虫幼虫，叫作"若虫"。若虫也要经历一次又一次的蜕皮。最后一次蜕皮后，若虫就变为成虫，可以进行自由恋爱和交配了。

▶若虫

▲若虫蜕的皮

不完全变态

◀蝗虫卵

▼正在产卵的蝗虫

# 昆虫家族的成员

**要**想给数量庞大的昆虫家族分类，还真不是一件容易的事呢。科学家根据昆虫自身的特点，制定了3条分类依据：根据进化程度划分，根据翅划分，根据体肢划分。

根据翅来划分，昆虫可分为有翅亚纲、无翅亚纲两类。

▲鳞翅目昆虫

◀原尾目昆虫

前足

后足

中足

体节

## 无亚翅纲

无翅亚纲昆虫指那些没有翅膀的昆虫，主要包括原尾目、弹尾目、双尾目、缨尾目，常见的有衣鱼。这些昆虫柔弱、微小，分布很广，大多喜欢生活在陆地上潮湿的地方。

◀双尾目昆虫

## 有翅亚纲

有翅亚纲昆虫是昆虫家族的主要成员，其数量和种类都很多。这类昆虫都有翅膀，只是少数昆虫的翅膀为了适应环境发生了退化。有翅亚纲昆虫的一个突出特征是变态，它们的幼虫时期没有翅膀，长大后才有。有些有翅亚纲昆虫通过蜕皮逐渐变态（不完全变态），有些则通过蛹的阶段完全变态。

有翅亚纲又细分为古翅次纲和新翅次纲。古翅次纲昆虫指翅膀与身体呈直角的昆虫，包括蜉蝣目、蜻蜓目。这些昆虫的翅膀不能折叠，所以给它们带来了很多苦恼，曾经的巨型昆虫——巨脉蜻蜓就因此灭绝。

新翅次纲昆虫指的是翅能折叠，静止时翅膀覆盖在背面的有翅昆虫类群，包括直翅目、同翅目、鳞翅目、鞘翅目、膜翅目等。

▲ 蜉蝣

▼巨脉蜻蜓模型

▲ 蜻蜓

### ❀ 你知道吗

世界上生物的种类复杂多样，各物种包含很多分支，各分支又可以划分为很多类，数量真是不可胜数。将生物简单划分为动物、植物或者鸟兽虫鱼显然是笼统而错误的。几代生物学家经过研究分析，按从大到小的顺序将界、门、纲、目、科、属、种作为生物分类等级的标准。其中，最上层的是界，最下层的是种。

 **有翅亚纲的常见种类**

蜻蜓目常见的昆虫是蜻蜓。蜻蜓属于大中型昆虫，有 2 对发达的翅膀和长长的腹部，经常盘桓在草丛、河流上空，伺机捕捉猎物。

直翅目昆虫体型较大或中等，有 2 对翅，前翅狭长，稍硬，起保护作用，叫作"覆翅"；后翅膜质，常呈扇状折叠。多数种类后足很发达，善跳跃。腹端有尾须 1 对。常见的种类有蟋蟀、蝗虫、蝼蛄等。

半翅目昆虫通称"蝽"，身体扁平。有 2 对翅膀，前翅为半鞘翅；后翅膜质或退化，平时平覆在体背上。多数种类近后足基节处生有挥发性臭腺的开口，遇到敌人时能放出臭气。

鳞翅目昆虫一般都有 2 对翅，均是膜质。身体上覆盖着细密的鳞片，"鳞翅"即由此得名。鳞翅目昆虫的成虫主要为蝶类和蛾类，幼虫叫毛虫。

▲蜻蜓

▲蟋蟀

▼中华象蜡蝉

▶凤蝶

▼蜜蜂

▲象鼻虫

鞘翅目昆虫通称"甲虫",是昆虫纲中最大的一目。甲虫的大小、形态不一,身上覆盖着硬硬的甲壳。世界上已知的甲虫约有 35 万种,中国已知的约有 7000 种。

膜翅目昆虫大多有 2 对翅,均是膜质,如蜜蜂、黄蜂。蚂蚁也属于膜翅目昆虫,只不过除了有生育能力的雌蚁(交配后翅膀脱落)和雄蚁,其他蚂蚁的翅膀都退化了。

◀蚂蚁

▲蝇

▼蝶角蛉

双翅目昆虫有 2 对翅,前翅膜质,后翅已经退化成平衡棒。常见的有蚊子、苍蝇、牛虻等。

隐翅目昆虫不能飞行,有发达的长足,擅长跳跃,如跳蚤。这类昆虫一般爱吸食血液。

脉翅目昆虫的前、后翅均为膜质,翅膀微微透明,分布着网状的脉络。停歇的时候背向上拱着,像屋脊似的,大多是益虫,如草蛉、蝶角蛉等。

# 昆虫的"语言"

▶▶ KUNCHONG DE "YUYAN"

人类通过语言和肢体动作进行交流、沟通，昆虫之间是以什么方式进行沟通的呢？其实，昆虫之间的沟通方式可多啦，声音、气味、动作等，都是它们交流的方式。下面，我们举几个典型的例子。

##  深情的呼唤

炎热的夏季，我们经常能听到蝉在树上"知了""知了"地叫，扯着嗓子，一刻都不停歇。一般认为，这是雄蝉在寻找配偶。雄蝉腹部有个发声器，能够发出高亢尖厉的声音，来吸引雌蝉。一旦雌蝉慕"声"而来，雄蝉就会降低音量，发出"求爱宣言"："好姑娘，嫁给我，好吗？"雌蝉就会发出低低的回应声。不过，因为雌蝉没有发声器，发出的回应声特别低，人耳听不见，所以人们称雌蝉为"哑巴姑娘"。依靠声音进行交流的昆虫还有很多，蝗虫、蟋蟀、蝈蝈儿、纺织娘等都是优秀的"歌唱家"。

## 优美的舞蹈

"啊，好大一片花呀！"一只出来侦察的蜜蜂情不自禁地感叹。可它虽然能发出"嗡嗡嗡"的声音，却不会利用声音来传递消息，怎么办呢？山人自有妙计！小蜜蜂采了一些花粉，急急忙忙飞回巢穴，在伙伴们面前跳起舞来。

原来，蜜蜂是通过跳舞来表达蜜源的地点、距离的。如果蜜源在蜂巢百米以内，侦察蜂就会

▲蝉

◀蝈蝈

▲蜜蜂

在蜂巢上交替着向左或向右爬行，跳起"圆圈舞"。如果蜜源在百米以外，侦察蜂就会跳起"8字舞"，动作越快、转弯越急，表示距离越近；动作越慢、转弯越缓，表示距离越远。

## 熟悉的味道

小小的蚂蚁既没有高亢的嗓音，又不会跳优美的舞蹈，那它们之间是怎么交流的呢？

▲蚁

我们观察蚂蚁时，经常看见蚂蚁之间互碰触角，它们是在打招呼吗？其实，蚂蚁是在靠碰触角来判断对方身份。如果对方身上的味道与自己所在群体的独有味道一样，那对方就是自己的伙伴；反之，就可能是敌人了。蚂蚁身上的气味其实是一种激素，它们一边爬行，一边分泌激素，食物越多的地方，分泌的激素越多，其他蚂蚁便能循"味"而来，将食物搬回洞中。

昆虫的"语言"真是奇妙！

◀蚁

# 昆虫住在哪里

**昆**虫是地球上分布区域最广的动物，白雪皑皑的高山上、烈日炎炎的沙漠里、水流潺潺的江河中、绿意浓浓的草原上……随处可见它们的身影。那么，昆虫有自己的家吗？它们都住在哪里呢？

 ## 居无定所

很多昆虫，尤其是成虫，没有固定的家，就像流浪汉一样。一般情况下，哪里有食物，哪里就是它们的家。花丛中、绿草间、树叶上，经常可以见到蝴蝶、瓢虫、天牛、花金龟等。不过你用不着可怜它们，因为青菜萝卜，各有所爱，这些随遇而安的昆虫，就喜欢这样漂泊不定的生活，追求"今朝有酒今朝醉""莫使金樽空对月"的洒脱。

▲ 集群栖息的蝴蝶

▼蜂巢

 ## 筑巢而居

不同的昆虫个性不同，有喜欢独来独往的，也有喜欢群居的。群居的昆虫大多生活在巢穴中，如蚂蚁、蜜蜂、白蚁等。蚂蚁的巢穴建在地下，设施完善，如同一座微型城市。蜜蜂的巢穴有的建在土中，有的挂在树上，有的建在植物丛中。白蚁的巢穴建在林间或草丛中的空地上，如同一座拔地而起的高楼，巍峨挺立。

### 待在地下

不少昆虫的幼虫和成虫生活在不同的环境中，比如蝉。蝉的幼虫住在土中，过着暗无天日的生活，饿了就贪婪地刺吸植物根部的汁液，累了就休息，它们才不会管树木的死活。将要羽化时，它们就会在黄昏或夜间钻出地表，爬到树上，开始另一番生活。

▲蝉的幼虫

### 寄居于农作物

很多昆虫寄居在农作物上，饿了就啃食植株的茎叶或果实，饱了就趴在植株上美美地睡一觉。这些影响农作物生长的家伙，是人人厌恶的害虫。如豆象虫，从破蛹而出时算起，一生的时间基本都是在大豆植株上度过的。

▲被豆象虫伤害的大豆

▼捉虱子

### 寄生在皮肤上

并不是所有昆虫都能自力更生，某些昆虫必须寄生在其他动物身上才行。寄生虱就是最常见的寄生昆虫之一。寄生虱常寄生于人类、家畜、鸟类等恒温动物的皮肤上，以啃食皮屑、羽毛，或者吸食寄主的血液为生。它们身材微小，要拨开动物的毛发仔细观察，才能找到一点儿蛛丝马迹。寄生虱令人讨厌，对于人类来说，摆脱它们的最好办法就是保持个人卫生。

 以水为家

很多昆虫以水为家，如负子蝽、龙虱、长须水龟甲等。

生活在水中的昆虫大多很闲适，每天除了"游泳"，就是捕食微生物、啃食水草。龙虱体长一般3.5～4厘米，看上去黑乎乎的，后足侧扁并长有长毛。龙虱既是游泳高手，也是贪吃鬼，只要有食物，就会不顾一切地拼命吃，经常撑得几乎漂不起来。不过作为水中居民，这点儿小问题难不倒它们。它们的尾部能产生气体交换泡，可以在水下进行气体交换。

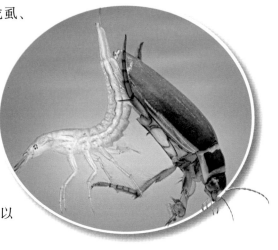

### 寄生在其他昆虫的幼虫体内

还有一些昆虫寄生在其他昆虫的幼虫体内，如寄生蜂、寄生蝇等。寄生蜂是蜂类的一种，身材微小，寄主多是其他有翅昆虫的幼虫。寄生蜂幼虫孵化后，就以寄主的脂肪和体液为食，待其长大后，寄主就只剩下空壳了。

寄生蝇可寄生在大多数昆虫的幼虫体内。它的寄生方式多样，其中蛆生型寄生蝇的寄生方式最有趣，幼虫被产在寄主经常出没的地方或者寄主的食物上，一旦寄主与之接触，这些幼虫就急忙贴附在寄主身上，然后在寄主体壁上钻个洞，倒挂金钩，悬进寄主体内，开始寄生之旅。

## 争抢地盘

为了争抢地盘，不同种类的昆虫之间经常发生打斗事件。天气炎热的夏天，大树会分泌出一层薄薄的树脂来。树脂是很多昆虫都喜爱的食物，所以，树脂周围常常聚集着四五种昆虫，如独角仙、飞蛾、象鼻虫、大胡蜂等。这些昆虫都虎视眈眈地盯着树脂最充足的地方，希望在那里住上一段日子，于是它们不约而同地争抢起来。最后胜利的昆虫占据了最佳位置，失败的昆虫只能退而求其次了。

千奇百怪

下雨的时候，蜜蜂会躲在巢内不外出，以免被雨水淋湿翅膀。如果蜂巢被大雨淋坏了，蜜蜂可怎么办呢？这些可爱的小家伙，会收拢翅膀、仰起头部，摆出一副虔诚仰视天空的姿态，仿佛在祈求老天爷别再下雨了。其实，蜜蜂做这个动作是为了让雨水从身上流走。

# 昆虫吃什么

>> KUNCHONG CHI SHENME

昆虫们都是美食家，各有不同的饮食嗜好，有的专门吃荤，有的专门吃素，还有的讲究荤素搭配……

###  它们爱吃荤

蜻蜓和螳螂是典型的荤食主义者，无肉不欢。不过，二者的"吃肉"方式有点儿不一样。

蜻蜓喜欢主动出击。它们经常盘桓在半空，用圆鼓鼓的大眼睛搜索着猎物，一旦发现目标，立刻以迅雷不及掩耳的速度冲上去，一口将其吞噬。

与雷厉风行的蜻蜓相比，螳螂更喜欢以逸待劳。它们大多静静伏在草丛里，一动不动，与周围的颜色融为一体。一旦不知情的猎物从它们面前经过，它们就会立刻精准地扑向猎物。很多警惕性不高的小昆虫，就此命丧螳螂之口。

像蜻蜓、螳螂这样的荤食主义者还有很多，如马蜂、食虫虻、中华虎甲等。

▲螳螂捕蝉

▼蚂蚁捕猎

▲螳螂捕蝇

另外，我们不要忘记食腐昆虫哟，它们也是地地道道的荤食主义者。食腐昆虫指的是以食用其他动物的遗体为生的昆虫。这类昆虫被誉为"地球的清洁工"。如果没有它们每天不停地食用动物的遗体，地球将变成一个臭气熏天的垃圾堆。

还有专门吸血的昆虫，最常见的当然是令人生厌的蚊子了。这类昆虫都有一个长长的口器，

▲ 雌蚊吸血

如同针头一样，扎进人或者其他动物的皮肤里，吸出血液，填饱自己的肚子，催熟自己的卵。吸血昆虫是很多传染性疾病的传播者。

## 它们爱吃素

与荤食主义者恰恰相反，素食性昆虫严格控制着饮食，一点儿荤腥都不沾，大多食用植物的茎、叶、果、汁液、花蜜等，小部分喜欢吃藻类、苔藓类等。

如果你认为素食性昆虫都清心寡欲，那你就大错特错啦！为了争夺食物，素食性昆虫也会动用武力。夏天的傍晚，在树木流出汁液的地方，经常能看见独角仙和锹甲虫为了争夺汁液最充沛的地盘而发生"战争"，两者的"武功"不相上下，经常斗得两败俱伤，一个失去了犄角，一个损失了大颚。

奉行素食主义的昆虫还有蟋蟀、蜜蜂、蝗虫、蚜虫等。

▶ 蜜蜂采蜜

037

 **它们的食物很特殊**

有一些昆虫的食性很奇特，它们以粪便为食，和食腐昆虫共同被称为"地球的清洁工"。其中最具代表性的就是蜣螂，也就是我们俗称的"屎壳郎"。蜣螂将粪便滚成球，贮存在挖好的坑洞中，饿了就啃几口，困了就依偎着粪球睡一觉；即使产卵，也是将卵产在粪球里，可谓一生都离不开粪球。

◈ 你知道吗

大部分昆虫都是通过气门呼吸的，可这并不包括在水中生活的昆虫。为了适应水中环境，水中的昆虫掌握了很多呼吸的窍门。有一些昆虫长着针状的呼吸管，能够刺入香蒲、菅茅等水草中，汲取里面的氧气。所以这些昆虫根本不用浮出水面呼吸，只要有水草，它们就不会窒息。

拟寄生物通常将自己的卵产在其他昆虫的卵、幼虫或者蛹的内部或者表面，其幼虫出生后，就取食寄主的血肉，直到将寄主吃得只剩下一个空壳。拟寄生物通常都比寄主小很多。寄生蜂就是拟寄生物的一种。

寄生物昆虫与拟寄生物昆虫一样，也是寄生在寄主的身体内部或表面，取食寄主的血液、皮屑或毛，但不杀死寄主。跳蚤和虱子就是寄生物。

# 昆虫特征大盘点
## ▶▶ KUNCHONG TEZHENG DA PANDIAN

**有**研究表明，全世界的昆虫种类有几百万种，目前已记录的约有 92 万种。小小的、不起眼儿的昆虫，都有些什么特征呢？一起来看看吧！

▲ 蝶蛹

##  小身材，大作用

首先，昆虫的身材都很娇小，它们藏在花朵里、树叶下、草丛间，一眼望去，根本看不见，因此它们不易被天敌发现，小身材无形中成了昆虫躲避天敌的有效武器；其次，昆虫身材小，吃得就少，只需一点点食物就能维持身体各项机能的运作；最后，小身材占用的生存空间较少，弹丸之地即可安家，如一棵大树上可以生活上百种昆虫。

##  便捷的飞行器

很多昆虫都有轻盈的翅膀。一旦遭遇天敌，它们就立刻扇动翅膀，飞离险地，逃到安全的地方。安全的时候，昆虫还可以依靠翅膀，飞来飞去，寻找食物，比慢吞吞地爬行快多了。

▲ 蜜蜂

▼ 蝗虫

##  硬硬的外壳

多数昆虫有硬硬的外壳，保护着柔软的内部器官。这层外壳其实是昆虫的外骨骼，坚硬而细密，既能反射阳光、维持体温，又能减少身体内部水分的蒸发。就如同一部空调，维持着昆虫体内的温度、水分平衡，让它们能够更好地适应环境。

## 胃口好，吃嘛儿嘛儿香

　　昆虫的胃口好极了，树叶、花草、蜜汁、露水、腐烂的动物尸体……它们都可以吃得津津有味。在昆虫看来，任何东西都是美食，它们当然就不会饿肚子啦！而且，昆虫的口器也随着进化而发生了变化，很多昆虫由食用固体食物逐渐演变成食用液体食物，扩大了食物范围。

▶蚁类有合作精神

▲白蚁

## 产卵大王

　　昆虫是动物界名副其实的产卵大王。它依靠多如繁星的卵，来对抗自然的淘汰。比如白蚁蚁后，在交配成功后，只要条件适宜，它就会不停地产卵，它的卵多如牛毛。即使这些卵有一半不能孵化，也还有剩下的一半，多得我们几乎数不过来。

### 适应环境的能力强

在沧海桑田的变迁中，昆虫能保持亿万年不灭，与它们超强的适应环境的能力有关。它们能够根据周围环境的变化，使自己的身体发生变化。比如，为了更好地捕捉食物，螳螂的前肢进化成生有倒刺的"镰刀"；为了自由地呼吸，生活在水中的昆虫进化出各种适应水中生活的呼吸器官。

昆虫是利用空气的高手，它们体内接收空气的器官非常发达，即使外界的空气非常寒冷，这些器官也能高效利用空气中微薄的热能，保证血液的缓慢流动，从而维持温暖的体温，让身体进行基本的机能活动。

▲食蚜蝇

### 神奇的变身

很多昆虫都会大变身，如蝴蝶、蛾、苍蝇等，它们的一生要经历卵、幼虫、蛹、成虫4个阶段。昆虫在变身的各个阶段，所需的食物、环境各不相同，这减少了同类之间对食物、地盘的争抢，扩大了生存空间。

# 昆虫的天敌

**昆**虫虽然数量众多，但大多身材娇小，攻击能力弱，一旦遭遇其他动物的袭击，很容易丧生。那么昆虫的天敌都有哪些呢？

## 食虫动物

与昆虫同属节肢动物门的蜘蛛，最喜欢捕捉肉嫩味美的昆虫了。它们常常在屋檐下、树枝间编织一张黏黏的网，一些飞行的昆虫一不小心撞在网上，就被粘住了，成为蜘蛛的美食。在庄稼里、草丛间，我们经常能看到蹲伏的青蛙和蟾蜍，它们在守株待兔呢。一旦有昆虫飞过，它们就会飞速伸出长舌头，将昆虫卷进嘴里。很多蚊子就在不经意间成了它们的腹中餐。很多鸟类也是昆虫的天敌。如啄木鸟喜欢吃吉丁虫、天牛，大山雀喜欢吃松毛虫、蚂蚁、刺蛾幼虫。燕子、戴胜、杜鹃、伯劳等也都喜食昆虫。

食虫动物还有很多，如刺猬、蝙蝠、蜥蜴、壁虎、食蚁兽等，可见昆虫的生活真是危机重重。

## 病原微生物

昆虫也会生病哟！很多病原微生物都会威胁到昆虫的生命，包括细菌、真菌、病毒等。昆虫一旦感染，轻则染病，重则丧命。

◀啄木鸟

### 千奇百怪

为了验证蝉是不是聋子，曾经有人将两门土炮架在大树下放炮，可是蝉却不受影响，照唱不误。所以该人认为蝉是聋子。其实，蝉不是聋子，只是它的听力范围与人的不一样。

 ## 相煎何太急

　　不同种类的昆虫之间，也存在着吃与被吃的关系。比如七星瓢虫最喜欢吃蚜虫了，棉蚜、桃蚜、豆蚜……各种蚜虫，来者不拒。赤眼蜂、平腹小蜂则喜欢寄生在其他昆虫的卵内，将卵啃食得只剩下外壳。有时，有些同种类昆虫之间也会自相残杀，它们只管填饱肚子，才不在乎被吃掉的是哪个亲人。唉，同是昆虫，却如此相残，真让人有种"相煎何太急"的感慨！

 ## 食虫植物

　　很多昆虫以植物的茎、叶、果、花蜜等为生。可以说，植物是昆虫的大粮仓。不过，有一些植物不想坐以待毙，它们秘密修炼武器，举起了反抗的旗帜，如猪笼草、捕蝇草、瓶子草等。

　　瓶子草有一个吸收营养的器官——捕虫笼，这是它们对付昆虫的秘密武器。捕虫笼呈圆筒状，笼口有一个盖子，笼内储有危险的消化液。一些不知深浅的小昆虫误以为鲜艳的笼口是鲜花，纷纷过来采食花蜜。岂料笼口非常湿滑，根本站不住脚，小昆虫就一头栽进消化液里，成了瓶子草的养料。

▼瓶子草

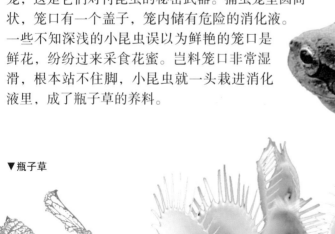

# 五花八门的防身术
## ▶▶ WU HUA BA MEN DE FANGSHENSHU

世界这么大，天敌这么多，昆虫该怎么保护自己呢？在不断逃跑的过程中，昆虫创造出了五花八门的自卫本领，并将这些稀奇古怪的本领发展成本能，一代一代地传了下来。

## 逃走或者藏起来

很多昆虫在进食和休息的时候都是小心翼翼的，它们调动全身的感觉器官感知周围的环境，哪怕有一丝风吹草动，它们也会扇动翅膀或发动足，立刻逃离。

不过，有些昆虫感觉到危险时不会逃走，而是立刻藏到树叶底下，直到敌人离开才出来，比如象鼻虫。

## 我的血很难吃

瓢虫个子小小的，飞行速度也不快，鸟类只要扇动几下翅膀就能追上它们。如果靠速度逃跑，瓢虫一丝胜算都没有。不过，鸟类不爱吃瓢虫，因为瓢虫一感觉到危险，就会条件反射地出血。它们的血液有难闻的气味，而且口感很糟，会让鸟类不自觉地将它们吐出来。

◀▶瓢虫的血液有一种难闻的气味

## 注意，我有毒

　　有些昆虫为了抵御敌人，会将自己修炼成毒虫。一些昆虫可以自己制造毒素，一些昆虫可以从寄主植物那儿获得毒素，并将毒素藏在身体里。当受到威胁或惊扰时，它们的毒素便会通过腺体渗到身体表面，然后突然挥洒到空气中，或直接对准攻击者猛烈喷射。比如，某些斑蝥能产生有强烈刺激性的斑蝥素；虎凤蝶的幼虫在受到侵犯时，会伸出臭角，并发出臭气，捕食者无法忍受这种味道，就会灰溜溜地撤退了。

▶虎凤蝶的幼虫

 ## 我会装死

　　花蚤的自卫方式别具一格。一旦遭遇强大的敌人，逃生无望，它们就会松开花枝，将腿蜷到身体下面，从高空直接掉下去。捕食者往往被花蚤的"自杀"惊住，进而兴趣全无，转去捕捉别的猎物了。其实花蚤"自杀"是假象，它们不过是用装死来保护自己而已。

　　当然，花蚤装死自保的方法只能对付只吃活昆虫的动物，一旦遇到连死昆虫也吃的动物，花蚤就无能为力了。

▼花蚤

 **自割保命**

　　爬行动物壁虎在遇到天敌时，会断尾自救，这种本领叫自割。昆虫中的衣鱼也会这种保命方式。为防止蜘蛛等天敌的捕食，衣鱼停歇时会有意地摆动尾梢，使天敌将注意力集中到尾梢上来。当尾巴被抓住，分节的尾毛就会断掉，身体便乘机逃脱。

▼衣鱼

 **我有泡沫帐篷**

　　沫蝉小巧玲珑，是昆虫中比较弱小的种类。为了保护自己，沫蝉支起了泡沫帐篷。沫蝉的肛门分泌物与腹部腺体分泌物形成混合液体，再由腹部特殊的瓣引入气泡，液体就会形成一堆泡沫，如同帐篷一样，将沫蝉包覆起来。这种泡沫，除了能遮掩沫蝉的身形，还能保持它们体表的湿润。

▶沫蝉

 **伪装大师**

　　昆虫界一点儿都不缺伪装大师，如果你在树林里看见一段小竹枝、一片花瓣或一枚枯叶竟然会无风自动，甚至可以飞、可以跑，千万不要惊讶，因为动弹的根本就不是植物，而是昆虫。如果发现自己的花招儿被识破了，这些昆虫就会赶紧想办法逃之夭夭。

　　这种靠模拟其他生物来保护自身的生态适应现象，叫拟态。

▶凤蝶幼虫

▲眼蝶

▼竹节虫

◀螳螂

 **吓人有高招儿**

很多弱小的昆虫会把自己伪装成强大而有攻击力的动物，让敌人心生畏惧。

鳞翅目中有一个眼蝶科。这一科属的蝴蝶的翅膀上都长着环形斑纹，乍一看去，好像是瞪圆的眼睛。蛱蝶科中的猫头鹰蝶翅膀上的眼斑，与猫头鹰的眼睛非常相似，"瞪"得圆溜溜的，带着狠戾的光芒，很多小型鸟类远远一见，立刻就被吓跑了。

蜂蝇个头儿不大，身体呈黑褐色，腹部有橙黄色横带纹，全身披有金黄色绒毛，跟雄性蜜蜂长得很像。很多捕食者因为害怕雄性蜜蜂的蜂刺，而不敢招惹它们。蜂蝇就这样顶着雄性蜜蜂的头衔，得意地徜徉在花丛间。

还有一种蝇叫食蚜蝇，腹部有醒目的黑黄相间的条纹，长得像黄蜂一样。很多食虫动物都将它们当成性情暴虐的黄蜂，躲得远远的。其实食蚜蝇一点儿杀伤力都没有。

**我有保护色**

有些昆虫没有毒液，不会模仿，就藏身在与自己体色相近的环境中，让敌人看不见自己。绿色螳螂喜欢生活在绿草和树上；褐色螳螂多生活在褐黄色的物体周围；竹节虫能完美地与周围环境融为一体；菜粉蝶的蛹，会根据蛹化地点的颜色而调整自身的颜色。

# 世界离不开昆虫

昆虫生活在世界的每个角落，树上、水里、土壤中、岩石缝隙内……随处可见。其中的害虫简直让人忍无可忍，它们占据地盘、啃食植物、制造噪音、传播疾病……人们恨不得它们立即消失了才好。

如果昆虫消失了，世界会变成什么样子？

##  植物离不开昆虫

尽管有些昆虫是植物的死对头，但也有不少昆虫是植物的好朋友。如果没有昆虫，植物将无法传粉。

昆虫是植物授粉的主要媒介，被称为"自然之翼"。需要异花授粉的植物，绝大多数是靠昆虫传粉的。蜂是最重要的传粉者。蜂的体表覆盖着绒毛，在采食花蜜的过程中，蜂不可避免地将沾染在绒毛上的花粉带到不同的花朵上。蝶爱吃花蜜，常流连在不同花朵之间，使花粉得到融合。蛾是夜间活动的昆虫，采食夜间开放的花朵的花蜜，帮助这些花传粉。

很多双翅目昆虫也是传粉小使者。

##  动物离不开昆虫

动物和昆虫息息相关，密不可分。在自然界中，生物间存在着一系列吃与被吃的关系，把这些有关系的生物串联起来，就形成了食物链。食物链就像一条链子一样，一环扣一环，哪个环节也不能少。

如果没有昆虫，植物不能传粉，就不能再繁殖，最终会大面积死亡；植食性动物因此没有了食物，也会慢慢消亡；而食肉的大型动物，如狮子、老虎等，也会因为植食性动物的消亡而逐渐灭亡。

##  人类离不开昆虫

处在生物链最顶端的人类，难道也离不开昆虫吗？当然。

很多人都知道：如果没有昆虫，我们就再也穿不到柔软光滑的丝绸衣服了，因为蚕吐出的丝是制作丝绸的原料；如果没有昆虫，我们就再也穿不到锃亮的皮鞋了，因为某些蚜虫瘿中的鞣酸，是制造皮革不可缺少的原料；如果没有昆虫，我们就再也吃不到香甜的蜂蜜了，因为会酿蜜的蜜蜂已经消失了；如果没有昆虫，我们就会失去很多珍贵的药材……

显然，没有昆虫，数不清的植物、动物都将面临灭顶之灾，地球将变得荒芜凄凉，人类自然也无法生存了。

# 昆虫研究室
## ——昆虫竞赛

**现**在我们知道了，昆虫家族的成员虽然大多都是小个子，但各有各的特色，本领也都不差。那么，如果在昆虫界举行一些竞赛，哪些家伙能脱颖而出呢？

## 高音冠军竞争者

雄性非洲蝉是鸣声最响亮的昆虫之一，它们唱歌时的最高音量能达到100分贝，已经属于重度噪音污染了。更令人难以忍受的是，它们非常喜欢搞大合唱。

▲雄性非洲蝉鸣声响亮

## 速飞健将

南美洲牛虻平时都懒洋洋地停在牛身上或者趴在树上，很少飞行。不过，当雄性牛虻看到心仪的雌性牛虻时，会以约720千米/小时的速度飞向对方。

蜻蜓也不差。它们的飞行技艺十分高超，速度惊人。一到夏秋的雨前雨后，它们就会成群结队，犹如战斗机群般集体飞行。

▲蜻蜓飞行技艺高超

▶牛虻

## 谁能比我重

生活在非洲热带雨林中的巨人甲虫，其成虫体重可达100多克，是昆虫中当之无愧的大块头。这种甲虫头部有"Y"形的触角，飞行时会发出像玩具直升机升空的声音。

▲巨人甲虫

## 体长冠军

竹节虫大多长得又细又长，其中最长的要数尖刺足刺竹节虫了。这种竹节虫不包括伸开的腿，从头部到腹部末端的长度可达33厘米。尖刺足刺竹节虫还是拟态高手。

## 速跑能手

澳大利亚虎步甲的奔跑时速可达42千米，是跑得最快的昆虫。这种昆虫外表威武、性情凶猛，经常捕食其他小昆虫。

▲虎步甲

## 跳高大师

跳蚤和沫蝉都是跳高冠军的有力竞争者。跳蚤能跃起相当于它们身长约350倍的高度。而几毫米长的沫蝉的后腿肌肉十分发达，能在1秒钟之内释放肌肉内的所有能量，瞬间跃起约70厘米。

▲跳蚤

## 吓人的长"舌头"

马达加斯加长喙天蛾有一个超长的口器，能伸进大彗星兰将近40厘米深的蜜管内采蜜。这种蛾大多分布在马达加斯加岛上，津巴布韦和马拉维也有少量分布。

◀长喙天蛾

▼燕尾蝶

▶竹节虫

## 模仿达人

雌性燕尾蝶能通过30多种方式模仿其他种类的蝴蝶，而且，它们不光能模仿形态，还能模仿气味呢。

# 2

# 昆虫与人类

# 对昆虫的崇拜

▶▶ DUI KUNCHONG DE CHONGBAI

**小** 小的昆虫看似不起眼儿，但在古代，它们中的某些成员可是被人们当成神一样崇拜着呢。即使在现代，不少地区的人对一些昆虫的崇敬之情也丝毫未减。

## 为什么崇拜

远古时期生产力不发达，人类过着茹毛饮血的原始生活。大自然时不时发怒：电闪雷鸣、狂风烈焰、洪水山崩……常常导致整个部落消失。然而昆虫不怕！雷击也罢，山洪也罢，暴风雨过后，昆虫又焕发出勃勃生机，忙碌着觅食、繁衍。人类面对坚强的昆虫，不禁肃然起敬。

## 神的化身

蝈蝈儿被称为"禹虫"。因为大禹非常崇拜蝈蝈儿，于是以禹虫—蝈蝈儿来为自己命名，因而蝈蝈成了大禹氏族的图腾。后世人祭拜大禹而跳的"禹跳"，就是模仿蝈蝈儿跳跃而编排的。

在古埃及传说中，在空中有一只名叫克罗斯特的大蜣螂，它用后腿推着一个巨大的粪球不停地转动。这个粪球就是我们生活的地球。所以埃及人称蜣螂为"圣甲虫"，认为它们不仅可以趋吉避凶，还象征着不朽的生命。

此外，在西方一些国家，蜜蜂代表了阿尔忒弥斯女神。

在被尊奉为神的昆虫面前，人们通过各种方式进行崇拜。比如，有的民族将昆虫作为图腾。

◀蝈蝈儿

▶昆虫图腾

# 昆虫与科技发明

**▶▶ KUNCHONG YU KEJI FAMING**

**从** 人类诞生的那天起，昆虫就陪伴在我们左右。随着科技的发展，人们开始关注、研究昆虫。这些平时毫不起眼儿的小家伙们，给我们带来很多惊喜呢。

▲人造卫星

## 蝴蝶与人造卫星

人造卫星在太空的位置不断变化，可引起卫星表面温度的骤然变化，严重影响了许多仪器的正常工作。科学家们受蝴蝶身上的鳞片会随阳光的照射方向自动变换角度而调节体温的启发，将人造卫星的控温系统制成了百叶窗样式。在每扇窗的转动位置安装有对温度敏感的金属丝，可随温度变化调节窗的开合幅度，从而保证人造卫星内部温度的恒定。

## 蝴蝶与迷彩服

蝴蝶颜色鲜艳，在花丛中很难被发现。第二次世界大战期间，苏联昆虫学家施万维奇被蝴蝶触发了灵感，建议军队在军事设施上覆盖蝴蝶花纹般的伪装。结果，德军轰炸机在高空转悠了好几圈，也没发现轰炸目标。后来，科研人员在此基础上研发了迷彩服。士兵穿上迷彩服在丛林里作战，不易被发现，从而减少了伤亡。

## 苍蝇与蝇眼照相机

苍蝇传播细菌，是人人欲除之而后快的对象。可无论你从前面还是后面，从任何一个角度，都很难捉到苍蝇，往往你还没到跟前，它们就拍拍翅膀飞走了。难道它们有预测能力？其实苍蝇依靠的是它们那360°无死角的复眼。苍蝇的复眼很奇妙，由数千个可独立成像的小眼组成。科学家在蝇眼的启示下，研发制造了由1329块小透镜组成的蝇眼照相机，一次能拍1329张高分辨率相片。

▲苍蝇复眼放大图

## 蜻蜓与直升机

蜻蜓是飞行高手，能在很小的推力下向前飞，向左右飞，甚至向后飞。而且，无论向哪个方向，都丝毫不影响自身的速度。这个事实震惊了很多人，也引起了科学家的深思。几经探索和研究，科学家发现蜻蜓利用翅膀的振动，能使周围产生与大气流不同的局部不稳定气流，然后利用两股不同气流产生的涡流来稳稳地托起自己。科研人员在这个发现的基础上研发了直升机。

##  萤火虫与冷光源

　　还记得那些提着灯笼在暗夜里飞舞的萤火虫吗？它们能将化学能直接转化为光能，转化率达到100%，还不会灼伤自己。科学家模仿萤火虫的发光原理，制成一种冷光源，能将普通电灯的发光效率提高十几倍，节约了很多能量。

　　那么什么是冷光源呢？物体发光时，它的温度并不比环境温度高，这种发光叫冷发光，我们称这类光源为"冷光源"。冷光源是几乎不含红外线光谱的发光光源，现在比较流行的 LED 光源就是典型的冷光源。

▲冷光源灯具

##  气步甲与武器

　　气步甲自卫时，可喷射出具有恶臭的高温液体"炮弹"，以迷惑、刺激和惊吓敌害。美国军事专家受气步甲喷射原理的启发研制出了先进的二元化学武器。这种武器将 2 种或多种能产生毒剂的化学物质分别装在 2 个隔开的容器中，炮弹发射后隔墙破裂，毒剂的中间体在弹体飞行的 8 ~ 10 秒内混合并发生反应，在到达目标的瞬间生成致命的毒剂以杀伤敌人。

▼二元化学武器

# 昆虫与艺术

**▶▶ KUNCHONG YU YISHU**

**从**古至今，有关昆虫的艺术充斥着人们的生活。不管是在影视、剧作、书画，还是雕刻、工艺品等方面，都有精美的昆虫艺术品传世，其美感经久不衰，感动着世世代代的人。

▲昆虫硬币

## 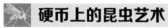 硬币上的昆虫艺术

古时候，在一些地区，人们因为崇拜或者喜爱昆虫而铸造了昆虫硬币。这些硬币艺术性极强，上面绘有很多种类的昆虫图案，如蜜蜂、蝴蝶、甲虫、蚱蜢、蚂蚁、蝉、螳螂等。相关记载表明，早在公元前 7 世纪，古希腊就已经有 300 多种铸造精良的昆虫硬币；在公元前 44 年，古罗马已经拥有 200 多种昆虫钱币。

## 艺术家的宠儿

在绘画方面，多姿多彩的蝴蝶因其外形的娇美，历来备受艺术家的关注。环顾周围，在织物、刺绣、邮票，以及其他工艺品中，蝴蝶的图案真可谓比比皆是。在中国国画作品中，我们也经常能见到以蝴蝶为主题的画作。

在音乐、舞蹈、雕塑等领域，昆虫也备受人类喜爱。有的音乐家或音乐团体就以昆虫命名，如披头士乐队，披头士在英文中是甲壳虫的意思。许多雕塑家都钟爱雕刻昆虫，石头、木头、金属乃至垃圾都能成为制作昆虫雕塑的材料。

## 玉蝉

蝉在中国文化中占据着特殊地位。古时候，人们喜欢将玉石雕琢成蝉的模样，挂在身上作为玉佩，或嵌在帽子上作为饰物。为什么古人对蝉这么推崇呢？这是因为古人认为，蝉的蛹埋在污浊的泥土中，羽化为成虫后立刻飞到大树上，不啃食嫩叶，也不捕食小虫，只以纯洁的露水为食，颇有"出淤泥而不染"的君子品行。因此，蝉在古人心目中是"纯洁""清高"的象征。

▼玉蝉

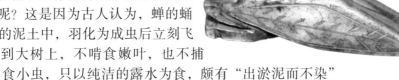

## 昆虫与珠宝

　　蜻蜓和蜜蜂深受人们的喜爱。19世纪末，有一种艺术风格将蜻蜓与女性结合到了一起，设计者设计出了色彩缤纷的珐琅和一些镂空艺术品。现在也有很多珠宝艺术品都是以蜻蜓为原型而制作的。

　　蜜蜂是拿破仑钟爱的昆虫。拿破仑曾将蜜蜂饰物点缀在斗篷等一些物品上。以拿破仑御用珠宝品牌为代表的诸多品牌也将蜜蜂融入珠宝之中。

▲蜜蜂珠宝

▼"小黄瓜"大楼

## 昆虫与建筑

　　许多昆虫都是建筑大师，它们与生俱来的建筑才华让人类只能模仿，无法超越。

　　科学家发现，一般的蜂巢都是由几千甚至数万间蜂房组成的。蜂房都是大小相等的六棱柱体，底面由3个全等的菱形面封闭起来，形成一个倒角的锥体，这3个菱形的锐角都是相等的。蜂房的容积也几乎都是0.25立方厘米。这些都十分符合几何学原理和省工节材的建筑原则。蜜蜂的建筑速度也十分惊人，一个蜂群在一昼夜内就能建起数以千计的蜂房。

　　除蜜蜂外，白蚁和蚂蚁等昆虫也是建筑高手。伦敦有一个绰号为"小黄瓜"的大楼，是设计师在白蚁巢穴的启发下设计的。

▲蜂巢内部

# 可以吃的昆虫

▶▶ KEYI CHI DE KUNCHONG

把一只昆虫塞进你的嘴里，你会有什么感受？是不是想一想都会全身发麻？事实上，有一些昆虫确实可以吃。这些昆虫具有蛋白质含量高、含多种人体必需氨基酸、营养成分易被人体吸收等特点，所以它们成了人类的盘中餐。

## 哪些昆虫可以吃

据国内的统计数据显示，目前可供人类食用的昆虫有蚂蚁、龙虱、蜜蜂幼虫、黄蜂幼虫、蚕蛹、蝉蛹、蝗虫、蟋蟀及某些种类的蝴蝶蛹、蛾蛹等数十种。据国外数据显示，仅墨西哥一国就记载了 370 余种食用昆虫，以甲虫、白蚁、田鳖、水蜻、螳螂等为主。

## 蚕蛹

提起炸蚕蛹，很多人的口水就忍不住流了下来。炸蚕蛹香喷喷的，外焦里嫩，不仅味道鲜美，而且富含蛋白质和多种维生素，非常适合体弱的人食用。不过，蚕蛹肚子中有一条青黑色的芯儿，最好别吃，那是蚕蛹的内脏，营养价值并不高，味道也不怎么样。

## 大田鳖

外表黑黢黢的大田鳖，还有个非常美丽的名字——桂花蝉。因为它们长得和蝉非常像，还有个散发香味的香腺。不要看大田鳖的外表不起眼儿，它们可是夏秋时节的一道应季菜肴呢。食用时，先去除腿和翅膀，然后捏住其头部轻轻往外一拽，头部带着内脏就被拽了出来，最后将剩下的外壳与壳内的淡黄色物质一起吃掉，有一种特殊的鲜味。

## 蝉

夏天，蝉在树上不知疲倦地喊着"知了，知了"。人们听声寻迹，很容易就能找到蝉的藏身之处，然后用捕虫网轻轻一扣，晚上餐桌上就多了一道油炸蝉。蝉低脂肪、高蛋白，天然无公害，是非常受欢迎的食用昆虫。

## 蚂蚁

别看蚂蚁个子小小的，毫不起眼，可它们在餐桌上的形象却很"高大"，是受很多食客推崇的食物。蚂蚁可以泡酒喝，可以炒着吃，还可以烘干后碾压成粉再食用，真是"一虫多吃"呀！不过，吃蚂蚁的时候可要观察好了，尾巴上翘、有怪味的蚂蚁坚决不能吃，它们可能是有毒的臭蚁。

## 那些古怪的昆虫餐

在哥伦比亚的首都波哥大，很多人看电影的时候不吃爆米花，而吃烤蚂蚁。

在北美洲，土著人有多道传统昆虫美食，比如毛毛虫大餐。

在加纳，有的白蚁颇受欢迎。人们将它们油炸、烘烤或者碾碎做成面包。

在非洲南部的大部分地区，有一种毛虫叫莫桑比虫，可以被制成美食。

在巴厘岛，有一道以蜻蜓为主要原料的菜。

在大洋洲的一些地方，人们生吃蚂蚁。

在日本，人们会用糖和酱汁炒水生蚊、蝇类的幼虫吃。

## 荆棘丛丛

目前，我国一些高档酒店已经将昆虫搬上餐桌，一些从事食用昆虫批发的

商户也如雨后春笋般涌现。

不过，目前我国已经进行营养分析的昆虫种类还很少，而已经开发利用的更是十分有限。"食用昆虫"还没有引起人们的重视，从而导致投资少、科研力量薄弱、工厂化饲养生产技术落后、质量和产量得不到保证等一系列问题。而且有些昆虫体内还携带细菌、真菌、病毒等病原体，让人们很担心。还有很重要的一点，尽管一些昆虫经过合理烹调会变成美味，但它们吓人的模样还会让很多人敬而远之。

# 可以入药的昆虫

▶▶ KEYI RUYAO DE KUNCHONG

**如**果说小小的昆虫能挽救人的生命，你是不是觉得不可思议？那你可小看了昆虫的价值，有些昆虫不仅能捕捉害虫，还能治疗或辅助治疗人类的某些疾病。

## 蝉来了

蝉真是一种多用途的昆虫，刚登上美食榜单，又来到了医药榜单上。蝉的蛹成熟后，后背会出现一条裂缝，成虫就从裂缝里慢慢钻出来。当成虫晾干翅膀，飞到树上后，蝉的蛹就变成一个空壳。这个空壳就是蝉蜕，是重要的中药材。

蝉蜕是治疗外感风热、咽痛音哑、风疹瘙痒、目赤翳障等症的良药。

▼ 蝉蜕

## 蚂蚁上阵

在民间，有许多用蚂蚁治病的方法。在一些地区，人们将蚂蚁磨成粉，掺肉馅蒸丸子，给老人进补；有些人用蚂蚁粉制成蜜丸，用来治疗筋骨软弱。

## 螳螂也不差

螳螂在医药榜单上也是赫赫有名的呢。雌螳螂在产卵前，会在树枝、树皮或石头上分泌一种泡沫样的黏液，然后将卵一排一排地产在里面。黏液干燥后就成了卵鞘，这种卵鞘被中医称为"螵蛸"。生长在桑树上的螵蛸叫"桑螵蛸"，药用价值高，很受中医推崇。

## 不甘落后的蟋蟀

蟋蟀这种性格孤僻的独行侠，也是一味药材？不错。这真是让很多人跌破了眼镜。蟋蟀是利水消肿的中药材。夏秋季节，将捉来的蟋蟀用开水烫死，再在太阳底下晒干，然后就可以送入中药库房了。

## 还有谁很牛

还有很多昆虫间接为治病救人做出了贡献。如角倍蚜，它们在盐肤木等植物上制造出无数个虫瘿供人采集、烘焙成中药"五倍子"；而蜜蜂酿造出的香甜的蜂蜜，有补中益气、润肠通便的功效。

### 千奇百怪

冰岛有种昆虫，能生活在-48℃的环境中。

一只蚂蚁的大脑含有约25万个脑细胞。

衣蛾能吃用动物毛发制成的织物，如皮衣和地毯。

衣鱼很喜欢书，但它们不读书，而是忙着吃将书粘起来的胶水。它们只要吃一点儿东西，就能活很久。

## 注意事项

虽然很多昆虫具有一定的药用价值，但是必须注意采收。假如在对药用昆虫的采收过程中不多加注意，药材就容易被害虫蛀食。如果将这些已经变质的昆虫进行药剂或物理机械防治，就会破坏药物成分，改变药理功能，再煎熬或外用，可能会给人的健康带来隐患。

# 灭虫秘籍

>> MIECHONG MIJI

**昆**虫也有善恶，有的是人类的好朋友，有的则是人类的敌人。那些可恶的害虫们罪行累累，有的肆意破坏庄稼，有的传播细菌……对待这些害虫，我们千万不能心慈手软，要找准方法，一击毙敌！

## 利用植物

害虫们太嚣张了，植物刚长出来的嫩叶被它们几口就吃光了。这让植物非常生气，准备奋起反抗。在科研人员的帮助下，很多植物都"更新换代"，由原来缺乏抵抗力的品种，升级为抗虫抗病的品种。害虫们再也不能轻易祸害这些植物，只能吧嗒吧嗒嘴，失望地走了。

## 利用天敌治虫

人和动物、植物组成了一个庞大的生物链，每种动物都有制约自己的天敌。当害虫肆虐时，请出它们的天敌大军，往往能杀得害虫溃不成军。比如玉米螟虫肆虐时，就可以在庄稼地里释放赤眼蜂。赤眼蜂大军基本能将螟虫消灭干净。如果家里有蟑螂，也可以养一只可爱的小猫，它可是蟑螂的天敌，会帮你把蟑螂统统清理掉。

## 利用植物性杀虫剂

　　害虫总是肆无忌惮地破坏植物，仿佛没有一种植物能够克制它们。它们太骄傲了，根本没注意到植物已经做好准备，只待蓄势一击了。

　　自古以来，国内外就有使用辣椒水、烟草水等植物性杀虫剂防治蚜、螨、蚧等害虫的先例。这类植物性杀虫剂大多数都不会伤害益虫，对人畜无威胁，也不会污染环境。但这种杀虫剂杀虫效率低，不易大量生产，所以一直都没得到推广。

　　其实，无论是害虫还是益虫，都是生物链上不可缺少的一环。使用杀虫剂的主要目的是：抑制害虫，保护益虫，让益虫和害虫的比例达到最优。所以，使用植物性杀虫剂是最佳的杀灭害虫的方法之一。

▲常规杀虫剂

## 将害虫消灭在萌芽状态

　　常规杀虫剂虽然能快速杀灭害虫，但污染环境，也会导致果实、蔬菜等有农药残留，因而不受人们欢迎。科学家们研制出一种新型杀虫剂，即昆虫生长调节剂，也叫第三代杀虫剂。这种杀虫剂具有很强的选择性，对昆虫有效，同时保护环境。

　　昆虫生长调节剂可以破坏害虫的发育节奏，阻止它们正常成长，致使它们个体生活能力降低或死亡，从而达到杀虫效果。这些杀虫剂有的可杀死卵，有的可抑制幼虫成长。

# 昆虫与神话传说

▶▶ KUNCHONG YU SHENHUA CHUANSHUO

昆虫是文人笔下的常客，诗歌、神话传说、成语典故里都少不了它们的身影。下面，就让我们来领略一下它们在文学世界中的另类风采吧！

## 化蝶的梁祝

蝴蝶，因其美丽的形象、绚烂的色彩，成为历代文人墨客笔下的宠儿。关于它们，除了诗词歌赋，更广为人知的是化蝶的梁祝的传说。

在东晋的时候，浙江上虞祝家有一个美丽聪慧的少女，叫祝英台。有一年，祝英台女扮男装到杭州游学，途中遇到了贫困人家出身的学子梁山伯。两人相偕同行，非常投缘，随后更是做了三年同窗。三年中，两人感情愈加深厚，但梁山伯始

终不知祝英台是女儿身。后来祝英台中断学业返回家乡。梁山伯到上虞拜访祝英台时，才知道三年同窗的好友竟是女儿身，先惊后喜，便想要向祝家提亲。怎奈此时祝英台已被许配给当地富绅之子马文才。梁山伯苦苦哀求，却被赶出祝家，悲伤的梁山伯回到家里没几日就因病去世了。后来祝英台出嫁时，经过梁山伯的坟墓，突然狂风大起，阻碍迎亲队伍前进，祝英台走下花轿到梁山伯的墓前哭泣祭拜，却不料梁山伯的坟墓塌陷裂开，祝英台从裂缝跳入坟中。不久后，有一对彩蝶从墓中翩翩飞出。它们就是由梁山伯与祝英台的魂魄化的。

## 蚁国的太守

　　下面这个关于蚂蚁的故事虽然没有蝴蝶的传说那么凄美，但充满了人生的哲思。

　　据说古代有个叫淳于棼的人喝酒喝多了，睡梦中，隐约看到很多穿着华美衣服的人跑到他家中，说槐安国的国王听说他很有才能，邀请他去做客。淳于棼就跟随使者来到槐安国，没想到国王一见到他就很欣赏他，赏赐给他无数的金银财宝，绫罗绸缎，甚至还把自己最漂亮的女儿许配给他。

　　后来国王又派他到南柯郡做太守，他当太守的几年，把当地治理得非常好，风调雨顺，百姓安居乐业。就这样过了很多年，忽然有一天，淳于棼想要回家看看。于是向国王辞别，国王挽留不住，只好让他回去。结果等淳于棼醒来，他发现之前那些事情不过是自己做的一个梦。但那梦境太过真实，于是他按照梦境中的记忆去找那槐安国，结果发现那不过是庭院中大槐树下的一个蚂蚁巢穴。淳于棼没想到，自己竟然在蚂蚁的王国中当了好多年的太守。

# 昆虫与民俗风情
▶▶ KUNCHONG YU MINSU FENGQING

**昆**虫作为自然界的一员，论数量占动物界已知种类的三分之二，按分布几乎遍及地球的每一个角落，这些昆虫有天上飞的，地上爬的，水中游的，它们组成了一个丰富多彩的昆虫世界。几千年来，昆虫通过各种方式融入人类生活的各个方面。现在我们来看看它们在民俗风情上对我们有着怎样的影响吧。

## 拜蚕神

在昆虫王国中，最受人类欢迎的昆虫非蚕莫属。蚕究竟有多受欢迎呢？人们甚至把它上升到神灵的高度去祭拜它，以祈祷养的蚕能吐出更多的丝来。围绕着蚕，有各种有趣的风俗活动。例如，江浙一带的养蚕妇女会在正月十五这天早早起来，然后焚香沐浴，煮好白膏粥，祭祀蚕神。而山东的蚕农则会用麻秆扎成蚕神，抬到街上去游行。另外，有些地方在拜祭蚕神的时候，还会去喂老鼠。这是为什么呢？

原来呀，老鼠不仅会

▲ 蚕神

偷吃粮食，还会偷偷爬上蚕架去吃蚕宝宝。为了避免蚕宝宝被老鼠吃掉，人们除了防鼠害，还有个方法就是让老鼠在元宵节这天饱餐一顿，这样它们或许就不会去吃蚕宝宝了。

##  斗蟋蟀

拜蚕神是为了获得更多的蚕丝，而斗蟋蟀则纯是为了娱乐。别看蟋蟀只是小小的昆虫，可是和它们有关的历史和文化却是源远流长。早在唐代时，斗蟋蟀就已经出现了，到了清代则发展到极致。就连皇帝也喜欢斗蟋蟀。

那么，这蟋蟀要怎么斗呢？

首先，将两只雄性蟋蟀放进小碗那么大的瓷罐中，然后用草叶撩拨它们的须子，使它们变得张牙舞爪，怒气冲冲。时机一到，就把陶罐中间的挡板拿开，于是，两只已经被撩拨得怒火熊熊的蟋蟀就红着眼睛冲向对方，它们又撕又咬，还能做出高难度的摔跤动作，有时甚至能把对方扔出罐外。经过几个回合后，弱者垂头丧气，败下阵去；胜者仰头挺胸，趾高气扬，向主人邀功请赏。最善斗的当属蟋蟀科的墨蛉，民间百姓称之为黑头将军。一只既能鸣又善斗的好蟋蟀，不但会成为斗蟋蟀者的荣耀，同样会成为蟋蟀王国中的王者。

▲斗蟋蟀

## 养鸣虫

蟋蟀除了能斗，还能养着听听声。那些能发出悦耳声音的昆虫，一直都很受人们的喜爱。例如，早在唐朝时期，就有人专门养这些昆虫取乐。当时有些农人捕捉蟋蟀、蝈蝈等昆虫，到城市中去售卖，很多小孩子和妇人都争相购买，然后挂在窗户下，听它们的声音。静静的月夜，听窗外悦耳的虫鸣，想想都觉得美妙得很。

▼蟋蟀

# 昆虫与俗称

▶▶ KUNCHONG YU SUCHENG

人有绰号，昆虫也一样。昆虫的绰号有的优雅形象，有的活泼生动，有的滑稽可笑，但不管哪种绰号，都通俗易懂。昆虫的这些绰号便是俗称。俗称的来历往往跟昆虫的外形、气味、声音、姿态、动作以及习性有关。

▶螳螂

## 以外形命名

北京人把蜻蜓叫"老琉璃"，因为蜻蜓的翅膀很多是金黄色的，如同北京古城的黄色琉璃瓦一样闪光发亮，故此得名。

螳螂外形上哪点最突出？当然是威武的前肢了。当螳螂站起来时，带刺的前肢高举并微微晃动，仿佛亮出了两把长刀。所以，很多地方把螳螂叫"刀螂"。

▲蜻蜓

## 以气味命名

椿象是有名的臭气专家，不论是幼虫还是成虫都有臭腺。幼虫的臭腺长在腹部背板间，成虫的长在后胸的前侧片上。遇危险的时候，椿象会马上分泌臭液，然后趁敌人被熏得晕头转向时逃生。由于臭名远扬，所以椿象的俗称往往跟臭相关，比如臭大姐、臭屁虫。

除了椿象，木蚤也有臭腺，而且是一对，能分泌一种异常臭的物质。凡是它们爬过的地方，都会留下难闻的臭味，故名臭虫。

▶椿象

## 以动作命名

有一种小虫，体长不到2厘米，每当被人抓住放在指甲盖上，它们就会把头磕向指甲盖，"啪啪"作响。于是，人们给它们取名为叩头虫或磕头虫。

有时候，一个俗称并不仅仅指一种昆虫。在我国北方的田野里，有一些昆虫的

蛹，人轻轻一捏，它们的脑袋就会朝各个
方面摆动，好像能指明方向似的，因此有了
"东南西北"这个绰号。

 **以声音命名**

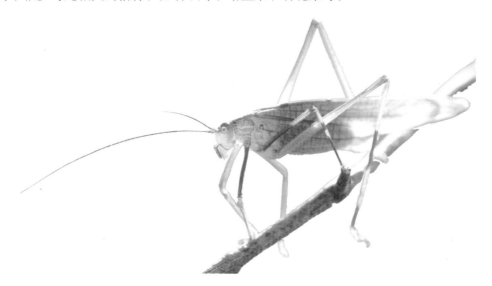
▲叩头虫

纺织娘根本不会纺纱，它们当中的雄性为了吸引异
性，会摩擦前肢，从而发出类似"轧吱、轧吱"的声音，和纺纱声音很像，所
以得了很多与此相关的俗称，如纺织郎、络丝娘、纺花娘等。

**以习性命名**

蜣螂其实是一种很可爱的昆虫，只是它们有滚粪球的习性，所以得了"屎壳
郎"这个不雅的绰号。

长鼻蜡蝉的俗称是龙眼鸡，因
为这种害虫主要寄生在龙眼等果树上
作恶，故而得名。龙眼鸡的嘴巴上有
针刺，会吸枝干中的汁液，常致枝条
干枯和落果，排泄物还会诱使煤污病
发生。

有一种蜜蜂喜欢在地上筑巢，
飞行时发出强烈的嗡嗡声。谁若不小
心踩到了它们的蜂巢，蜂虫几乎会倾
巢出动去追击敌人，简直比地雷还可
怕。所以人们叫它们"地雷蜂"。

▲地雷蜂

# 昆虫研究室
## ——昆虫 "间谍"

昆虫虽然个头儿小，却个个身怀绝技，有的是天生的"举重能手"，比如蚂蚁、天牛；有的是"飞行高手"，比如蜻蜓、苍蝇……科学家十分赏识昆虫们的本领，他们根据不同昆虫的特点，把昆虫改造成理想的"间谍"。

## 自动寻找人体的"导航器"

臭虫对人体的汗味特别敏感，凭借这个本领，它们可以在一定范围内轻松地找到人的踪迹。科学家根据臭虫的这个特点，在臭虫身上安装了超微型电子装置，这样就可以根据臭虫的行踪，在荒野中找到人的踪迹。在越南战争期间，美国就曾把臭虫当"间谍"，来搜寻越南军队。

## 甲虫"间谍"群

科学家正在尝试着把不同的传感器安装在昆虫身上，而被选中的昆虫大多是甲虫。首先，甲虫的外壳耐蚀、耐晒、耐风雨，使甲虫拥有超强的生命存活力和适应力。其次，甲虫体积很小，不会被敌方轻易发现、怀疑、捕捉。

更重要的是，甲虫遇到温度变化，反应极其灵敏。50千米之外，甚至更远的地方发生森林火灾，它们都能敏锐地侦察到，从而早早逃离。

## 遥控蟑螂

蟑螂的全身布满人眼难以看见的绒毛，这一特征使蟑螂的反应十分灵敏，具有闻风而逃的本领。日本科学家根据蟑螂的这一特点，研究出一种"遥控蟑螂"。他们将微型芯片植入蟑螂背部，以多个电极与其大脑相连，以便控制蟑螂的行动。遥控技术让蟑螂到达恐怖分子的餐桌宴席上，随时随地侦察到恐怖分子的行动。

## 电子苍蝇

科研人员根据昆虫的习性，不但把昆虫改造成"间谍"，甚至还研制出了"人造昆虫间谍"。西方某国仿照苍蝇的生物学特性，研制出一种"电子苍蝇"，在其体内安装了一套完整的窃听收发装置。像真苍蝇一样，这种电子苍蝇不仅能寻觅带有人体特殊气味的目标，隐藏在不易被人发觉的地方进行窃听。人们还可以用无线电遥控其飞行方向，使它们在完成窃听任务后再返回出发地。

# 3

第三章

# 打击"盗版"
# ——它们不是昆虫

# 网上杀手——蜘蛛

▶▶ WANGSHANG SHASHOU—ZHIZHU

蜘蛛是一种非常神奇的动物，除了南极洲之外，我们几乎可以在任何地方发现它们的身影。不过，它们不属于昆虫，而是蛛形纲蜘蛛目动物。那么，蜘蛛到底与我们认识的昆虫有什么不同呢？

## 类似昆虫的蜘蛛

昆虫的身体由头、胸、腹组成，头上长着触角，身后披着翅膀，身下有 6 条腿。而蜘蛛要比昆虫长得简单得多：身体由 2 个椭圆组成，由 1 个几乎看不出来的细腰连接起来，8 条细长的腿支撑着身体，可以迅速地移动。蜘蛛没有可以保护自己的外壳，也没有可以展翅飞翔的翅膀，不过它们有有毒的螯肢和特殊的纺绩器，可以毒杀猎物和结网捕猎。

## 网上猎食者

我们经常看见的细细的蜘蛛网，就是蜘蛛狩猎的工具。这种网具有高度的黏性，能够粘住经过的小昆虫。那蜘蛛是怎样织网的呢？原来，蜘蛛的纺绩器会分泌黏液，这种黏液一遇空气即可凝成很细的丝。蜘蛛会一边吐丝，一边织网。织完网后，有的蜘蛛还会从网中心拉一根丝，即信号丝，然后爬到网的一角或网旁的树叶中隐蔽起来。这样，蜘蛛就可以"守网待虫"了。当有飞虫落入网中

时，蜘蛛会在第一时间通过信号丝的振动得到消息，随即马上出击。它们先用丝将猎物紧紧缠绕，再用毒液麻痹猎物，之后将猎物带回网中心或隐蔽处进食或贮藏。当遇到较大的猎物时，为了防止猎物逃走，蜘蛛会先麻痹猎物，再用丝将其捆缚带走。

　　有些蜘蛛尽管会吐丝，但是并不会结网，而是通过四处游走或者就地伪装捕食猎物。这种蜘蛛毒液的毒性很大。

## 独特的蜘蛛丝

　　别看蜘蛛丝细得和头发差不多，但它可是世界上最坚韧的东西之一。据科学家研究试验，一束由蜘蛛丝组成的绳子，比同样粗细的钢筋还要坚韧有力，它能够承受的重量，大大超过同样粗细的钢筋所能承受的重量。对上述蛛丝材料进一步加工后，可用其制造轻型防弹背心、降落伞、武器装备防护材料、车轮外胎、整形手术用具和高强度渔网等产品。

# 有毒的"百足虫"——蜈蚣
YOUDU DE "BAIZUCHONG"—WUGONG

"百足虫"的真正名字是蜈蚣。但需要更正的是，虽然蜈蚣的名字是虫字旁，也被称为"百足虫"，但它们并不属于昆虫。昆虫的基本特征是成虫一般具有 2 对翅和 3 对足，而蜈蚣显然不止 3 对足，并且没有翅膀。

▲蜈蚣

##  到底有多少对足

蜈蚣的身体躯干由多环组成，每个环上有 1 对足。不过，并不是所有蜈蚣都一样长。一个世纪以来，世界各地共发现蜈蚣 3000 余种，它们的身体有长有短，足也有多有少，最短的蜈蚣有 15 对足，而被发现的最长的蜈蚣有 191 对足。

##  剧毒猎手

蜈蚣是著名"剧毒猎食者"之一。蜈蚣的"化学武器"是身体前端的第一对毒肢，这对毒肢可以排出毒液。同时，蜈蚣还具备灵敏的触觉和视觉，捕食的动作快如闪电。当捕捉到猎物后，它们便迅速把毒肢插入猎物体内，注射毒液，使猎物死去。

蜈蚣的猎杀范围很广，经常猎杀的对象是昆虫和蜘蛛，有时候也会挑战蝎子或蜗牛，甚至比其身体大得多的蛙、鼠、雀、蛇等。

# 亮晶晶的贪吃鬼——鼻涕虫

**鼻**涕虫的学名是"蛞蝓"。它们身体柔软，体色灰白、灰红或淡黄褐，身体上还有一层黏糊糊、亮晶晶的液体，很像小朋友鼻子下挂的两行鼻涕。而且它们爬过的地方会留下一条明显的黏液线，也像小朋友流的鼻涕的痕迹。所以，蛞蝓才有了这样的绰号——鼻涕虫。

▲ 鼻涕虫

## 我可不是毛毛虫

　　鼻涕虫看起来胖胖的，爬起来也慢悠悠的，很像一种毛毛虫。其实，这是大家对鼻涕虫的一种误解。事实上，鼻涕虫并不像毛毛虫那样，经过一段时间的变化，会变成美丽的蝴蝶或飞蛾。它们并不是昆虫，它们从小到大都是一个样子，只不过刚出生的时候身长仅有数毫米，长大后身长可达数十毫米。

##  超级贪吃鬼

　　鼻涕虫喜欢吃各种植物，尤其是鲜美多汁的嫩叶和嫩芽，有时候还吃一些植物的果实。它们的食量非常大，草莓、甘蓝、花椰菜、白菜、豆类等农作物都深受其害。说出来吓你一跳，国外每年都要花数千万美元来消灭它们呢。

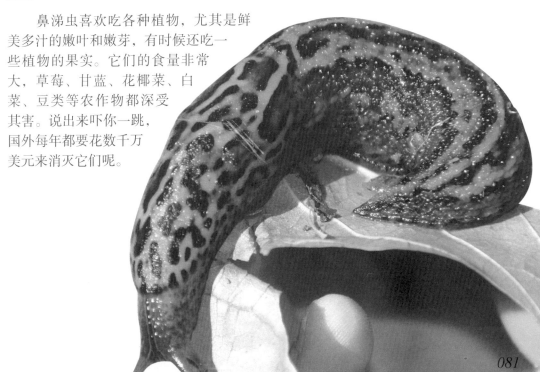

# 松土小高手——蚯蚓

**蚯**蚓的身体细细长长的，滑溜溜的，身上有节。它们是松土小高手，也是上佳的鱼饵。不过蚯蚓不是昆虫，而是环节动物。

▲蚯蚓

##  环节动物

作为环节动物，蚯蚓的身体由许多形态相似的体节构成，这被科学家称为分节现象。需要说明的是，这并不是为了好看，而是无脊椎动物在进化过程中的一个重要标志。

蚯蚓的体节与体节间以体内的膜相分隔，体表相应地形成节间沟，为体节间的分界。同时许多内部器官也表现出按体节重复排列的现象。这些体节对促进动物体的新陈代谢具有很重要的作用。

## 神奇的无脚怪

蚯蚓没有脚，也没有骨骼，靠体节的伸缩来移动身体，达到爬行的目的。大多数的环节动物都是以这种方式行进的。

蚯蚓是低调的动物，喜欢温暖、阴暗、潮湿、安静的环境，讨厌明亮的光照，喜爱独自生活。

蚯蚓是雌雄同体的动物，具有再生能力，被一切为二的蚯蚓还能活着。

蚯蚓是杂食性动物，除了玻璃、塑胶和橡胶不吃，其余如腐殖质、动物粪便、土壤、细菌乃至金属都吃。

# 陆地上的"小海螺"——蜗牛

**蜗**牛是一种特别可爱的动物。它们的身体软软的，头上有 2 对触角，走到哪里都背着自己的小房子——甲壳。

### 甲壳和牙齿

蜗牛的甲壳形状就像海里的小海螺，而且颜色多样，非常漂亮。每当受到惊吓时，蜗牛就会在第一时间把自己的身体缩进甲壳中。当气温太低或气候干旱的时候，蜗牛会藏在甲壳中，用黏液封闭壳口；当气温和湿度合适的时候，才会出来活动。

蜗牛是世界上牙齿最多的动物。在蜗牛的小触角中间往下一点儿的地方有一个小洞，那就是它们的嘴巴。虽然嘴巴和针尖差不多大，但是嘴里却有数不清的牙齿。

### 蜗牛是害虫吗

蜗牛吃什么呢？蜗牛吃的东西和大多数害虫相似，它们除了吃各种蔬菜、杂草和瓜果皮，还吃各种植物的叶、茎、芽、花和多汁的果实。所以，农民伯伯十分讨厌蜗牛。正因为这样，蜗牛也被认为是"害虫"的一员。不过需要说明的是，蜗牛属于"非昆虫害虫"。因为蜗牛不属于昆虫，它们是世界上最常见的软体动物之一。

# 一生都在吸血的恶魔——蜱虫

春天来了，天气变暖，树木抽出了新芽，野花绽开了笑脸。这时候，人们最爱去田间、山林中游玩了。可是在赏景之时，我们必须小心谨慎，因为这个时节，可恶的蜱虫正泛滥，它们可能躲在任何角落里，随时准备吸血。很多人误认为蜱虫是昆虫，其实不然，蜱虫可是地地道道的蛛形纲动物。

## 揭开恶魔的家底

蜱虫的绰号可多啦，比如壁虱、鳖吃、狗鳖草蜱虫、狗豆子、牛鳖子、草爬子等。主要分为两大类：一类是硬蜱，成虫躯体背面有硬硬的盾板；一类是软蜱，身上没有盾板。细致来分，全世界有850多种蜱虫，其中硬蜱约700种，软蜱约150种。我国已记录的硬蜱约100种，软蜱约10种。

硬蜱和软蜱有很多不同之处。比如硬蜱多生活在森林、灌木丛、牧场、草原中，软蜱多栖息在家畜的圈舍、野生动物的洞穴、鸟巢及房子的缝隙中；硬蜱一生产卵一次，可产数百乃至数千粒卵，软蜱一生可产卵多次，一次产卵50～200粒；硬蜱寿命较短，能活1个月到数十个月不等，软蜱是"长命鬼"，能活五六年，甚至数十年。

▼蜱虫

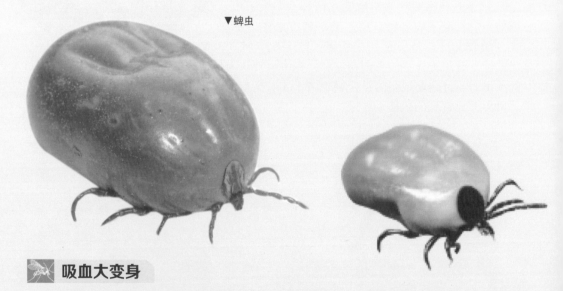

## 吸血大变身

蜱虫是名副其实的吸血鬼，它们不论哪个种类，不论成虫还是幼虫，统统吸血。它们最喜欢鬼鬼祟祟地躲在浅山、丘陵的植物上，或寄生在牲畜等动物皮毛间。不吸血时，它们的身体干干瘪瘪，好像暗色的小种子。当吸足血后，它们的身体就会迅速鼓起来，像个饱满的豆子，有的甚至有指甲盖那么大。

硬蜱一般在白天吸血，一吸就是数天；软蜱更喜欢在夜间作恶，吸血的时间较短，一般几分钟就可以，最长也不过1个小时。不论哪种蜱虫，它们的吸血量都很大。在发育阶段的蜱虫吸饱血后，身体能膨胀几倍到几十倍，雌硬蜱甚至能膨胀到100多倍。

## 吸血有讲究

蜱虫嗜血如命，它们狡猾得很，从不盲目地吸血。它们明白，如果落在寄主容易抓摸的地方，不但吸不了多少血，还会轻易送命。所以，它们总是选择寄主身上皮肤较薄且不容易抓挠的部位进攻，比如人的颈部、耳部、腋窝、大腿内侧等。这些地方，它们可以放心大胆地享受美餐。

## 传播疾病的恶棍

蜱虫家族个个都是恶棍，它们贪婪地掠夺寄主的血液，吸了又吸，永不满足。它们不仅不会对寄主抱有感恩或愧疚之心，反而会往寄主的身体里注入病毒，给寄主带去种种伤害。被蜱虫叮咬后，轻者感觉瘙痒，重者身染疾病，更可怕的是，有人甚至会因此丧命。

### 你知道吗

蜱虫叮咬人后会分泌出对人体有害的物质。人一旦发现被蜱虫叮咬，一定要及时取出害虫，取时应谨慎，因为蜱虫的脑袋很容易遗落在人体里。如果不及时取出，轻者会感觉瘙痒，重者会高烧不退，甚至深度昏迷、抽搐，患森林脑炎。

# 昆虫研究室
## ——昆虫"打假"档案

**蚁**类最勤劳，飞蛾会妖术……关于昆虫的流言可真不少。这些流言伤害了昆虫的感情，也欺骗了人类。还等什么，咱们快点儿去粉碎那些流言吧。

### 蚁也偷懒吗

蚁类历来被人们当成勤奋的"代言人"，甚至屡屡被评为"劳模"。然而，有昆虫学家指出，蚂蚁也并非一生都勤劳。据观察，蚂蚁虽然干起活儿来不知疲倦，但是在它们的一生中，闲下来的时间更多。

蚁类中还有一些讨厌的"蓄奴蚁"。比如非洲的去头葡萄蚁，蚁后在准备养育后代的时候，故意到香家蚁的家门口装死，让香家蚁将自己拖到巢中，然后咬掉香家蚁蚁后的头，将香家蚁的工蚁变成自己的"奴隶"，照看自己所产的卵。

在蚁类中，有此恶习的坏蛋多着呢，它们不但懒，还是不劳而获的"奴隶主"。

▲蚁

▼蛾

### 破解飞蛾的妖术

民间有吸入蛾身上的"粉末"，会令人变成哑巴的传言，这实在有点儿危言耸听。

首先，"粉末"并非真的粉末，而是蛾身上的鳞片。飞蛾成虫的翅膀、身体及附肢上都布满了这种鳞片，其作用是保持飞蛾身上的水分，在黑夜里可以反光。其次，这种鳞状物质几乎是无毒的，只不过因人的体质不同，个体的反应有差异罢了。一些容易过敏的人，如果吸进了这种鳞片，有可能造成喉咙干痒或咳嗽。因为这些鳞片是粉末状物质，会刺激喉咙和皮肤。但所谓会变成哑巴的说法，是毫无根据的。

▼蜉蝣

◀蚊子

▲蜉蝣

▲蚊子

## 蜉蝣不算短命

    中国有句成语叫"朝生暮死"，说的是蜉蝣这种昆虫早上出生，晚上即死，寿命极短。事实上，这纯属误会。因为蜉蝣在变成成虫之前，会在水中生活短则1～3年，长则五六年的时间。只不过它们变成成虫飞出水面以后，一般只有几个小时的生命，长寿的也会在六七天后死亡。古人可能只注意到它的成虫阶段，所以才用会"朝生暮死"来形容它们。

## 蚊子没有睫毛

    从古至今，人们在形容处所狭小时，会用"虫巢蚊睫"这个成语，说的是处所小得如同虫子的巢穴或蚊子的睫毛。天哪，蚊子那么小，它们的睫毛又得小到什么程度？其实大家都错了，科学家经过观察，发现蚊子根本就没有睫毛！我们居然被蚊子骗了如此之久！

# 4
第四章

# 人见人爱的益虫

# 给益虫颁奖了
>> GEI YICHONG BANJIANG LE

**昆**虫王国要召开一次会议，讨论哪些种类的昆虫属于益虫，并要为它们颁发"最佳益虫奖"。各种昆虫纷纷来报名参加。

 **争先恐后来报名**

蜜蜂首先来报名，它说："我是益虫！我为植物传花授粉，为人类酿造香甜的蜂蜜。"

▲ 螳螂

螳螂抢着说："我是益虫！我一生都以消灭家蝇、蚊子等为己任，减少病菌的传播；我的卵鞘是中药桑螵蛸；我的身体干燥后，也是重要的中药材。"

家蚕也急忙举手，说："我这一生没有别的梦想，就希望吃得饱饱的，好为人类吐出更多、更优质的丝！"

大家争先恐后地陈述自己对人类的贡献，会场气氛十分热烈。

"静一静！静一静！"主持人蜻蜓拿着话筒喊了好几遍，大家才安静下来。

蜻蜓接着说："进行对其他生物有益的活动的昆虫，都是益虫。不过今天，我们只讨论直接或间接对人类有益的昆虫。现在，就请那些对人类有益的昆虫，根据自己做出的贡献，站到对应的队伍里。然后，我们请人类为我们颁奖，好不好？"

▲ 蜻蜓

▲ 柞蚕

蜻蜓的话赢得了昆虫们的热烈掌声。在现场保安的引导下，各种益虫很快找到了自己对应的队伍，等待人类来颁奖。

▲茧蜂捕猎

##  各就各位，颁奖典礼开始

隆重的颁奖典礼开始了!

农业贡献奖：七星瓢虫、豆娘、草蛉。

医药贡献奖：螳螂、角倍蚜。

环保贡献奖：蜣螂。

生活贡献奖：家蚕、蜜蜂、天蚕、白蜡虫。

台上的益虫都获得了人类颁发的奖杯，让很多没来得及参加本次盛会的益虫羡慕极了。它们纷纷下定决心：下次一定要来参加。

##  获奖昆虫的自我介绍

颁奖过程中，每个获奖的昆虫都做了简短的自我介绍。

七星瓢虫：我可是蚜虫和介壳虫的天敌，保护农作物是我的天职。

豆娘：我最爱吃蚜虫了。

草蛉：我的食性比较广，不仅爱吃害虫的成虫，还喜欢吃很多害虫的卵。

螳螂：我的身体干燥后和我产在桑树上的卵都是中药药材。

角倍蚜：我没什么本事，只是帮助盐肤木或其同属植物形成虫瘿，让人类获得重要的药材五倍子而已。

蜣螂：我的工作比较脏，每天与粪便为伍，不过，我让环境更清洁，也算是为人类做出了贡献。

▼食蚜蝇

白蜡虫：我分泌出的白蜡被广泛应用于工业、医药行业等。

这些益虫的自我介绍虽然简短，但都一语道出了它们为人类做出的贡献。我们应该好好爱护它们。

▼草蛉

# 款款点水的昆虫——蜻蜓

**翻**开厚厚的诗词集，关于蜻蜓的诗句比比皆是，如"点水蜻蜓避燕忙""点水蜻蜓款款飞""红蜻蜓小过横塘"等。这些长着透明翅膀的小家伙，究竟有什么动人之处，让古往今来的文人墨客如此着迷呢？

##  好看的外貌

蜻蜓是昆虫纲蜻蜓目的小动物，长着大大的复眼、长长的腹部。

蜻蜓的复眼鼓鼓的，仿佛高清探测镜头，时刻监视着四面八方的动静，简直是360°无死角！

在蜻蜓几近长方体的胸部两侧，长着2对透明的膜质翅膀，上面有清晰的网状翅脉。蜻蜓的翅膀非常有趣，休息时不像其他昆虫那样背在身后，而是平直伸在身体两侧，让其整个身体看起来好像是个"十"字。

蜻蜓的腹部细长，大多时候都是直直地伸向后面，与身体保持在同一水平线上。不过，蜻蜓偶尔也会调皮地将腹部向内蜷曲，看起来好像个面包圈。不同种类的蜻蜓，腹部也略有不同，有的是扁形的，有的是圆筒形的。

◀蜻蜓若虫

▼蜻蜓点水

 **捉虫高手**

　　蜻蜓是威名远扬的益虫，蚊、蝇、蛾等均是它们的美餐。它们的捉虫技巧十分高超，能在 1 小时之内吃掉 20 只苍蝇或 840 只蚊子，可以有效地减少病菌传播，保护人类和动植物。所以，我们一定要好好对待它们。

## 蜻蜓点水

　　炎热的午后，我们经常能看到蜻蜓在水面上盘旋，一会儿高，一会儿低，倏地又用腹尖点了一下水。这就是人们说的"蜻蜓点水"。蜻蜓是在做游戏吗？当然不是了，这是蜻蜓妈妈在产卵呢。

　　雌蜻蜓通过"点水"的方式，将卵产在水里或水草等植物上。蜻蜓卵孵化成若虫后以捕食水中的小虫为生。

## 喷水式"火箭"

　　蜻蜓属于不完全变态昆虫，若虫生活在水中，成虫生活在陆地上。蜻蜓若虫被称为"水蚤"，平时总是缓步慢行，一旦遇到危险，就会用力压缩腹部，将吸入腹中的水喷出，在水的反作用力推动下，身体急速前行，仿佛是一架喷水式"火箭"。水蚤长大后，就会爬出水面，到水边的树枝或石头上，羽化成轻盈优雅的蜻蜓成虫。

##  红蜻蜓

红蜻蜓是最美丽的昆虫之一。可你知道吗，这种红色的蜻蜓都是雄性的。

半黄赤蜻和夏赤蜻等多种蜻蜓的雌性成虫和未成熟的雄性都是黄色的，但是雄性在成熟过程中会慢慢"变色"，从黄色变成红色。

▼红蜻蜓

##  棍腹蜻蜓

棍腹蜻蜓分布较广，一般生活在池塘、湖泊、江河和溪流附近。它们体型较大，腹部接近末端的一段膨大，使得腹部像根球棒似的。它们身体的颜色比较亮，多数由黑、黄、绿等颜色组合而成；两只复眼离得较远。

棍腹蜻蜓一般在草木间交尾，把卵产在浅水中。其若虫生活在水底。

## 大蜓

大蜓主要生活在北半球靠近山和树林的溪流附近，或水池附近的开阔地上。它们的身体呈褐色或者黑色，有黄色斑纹，复眼接触于一点，腹部很长。

大蜓妈妈一般把卵产在流速缓慢的河流底部。若虫通常潜伏在淤泥或沙砾中，只把头和前足露出来，守株待兔，捕捉经过的猎物。它们往往要花几年的时间才能长大，而成虫却只能活几周。

▼大蜓

# 雌雄大不同——白蜡虫

**▶▶ CIXIONG DA BUTONG—BAI LA CHONG**

**提**起蜡烛，让人不得不想起白蜡虫，雄性白蜡虫的幼虫在生长过程中所分泌的蜡，是制作蜡烛的重要材料。随着制蜡技术的发展，白蜡虫渐渐退出了"蜡坛"，取而代之的是石蜡，但白蜡虫在"蜡坛"历史上的地位，是不容忽视的

## 蜡烛是怎么来的

制作蜡烛所需的蜡粉和蜡丝，都是白蜡虫分泌的。每年 5 月，雄性白蜡虫幼虫开始分泌白蜡，中间不停，直到 8 月末。经过几个月的努力，白蜡虫已经被厚厚的白蜡包裹起来了，就像落在树上的一片雪花。当树上满是这种白蜡虫的时候，就形成了"八月飞雪"的壮丽景观。

这些白蜡包裹的是雄性白蜡虫的蛹。采蜡工人将蛹采集下来，送到工厂加工，光滑的蜡烛就被制作出来了。而且，因为白蜡虫分泌的蜡熔点高、质地硬、透明度好、凝结力强等，还被广泛用于化工、医药等行业。

▲ 白蜡虫

## 白蜡虫的"育婴房"

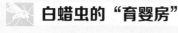

雄性白蜡虫忙着分泌白蜡，雌性白蜡虫在干什么呢？原来它们在忙着生儿育女呢。为了保护自己的孩子，雌性白蜡虫将卵产在坚硬的壳里。卵在这个安全的"育婴房"里度过孵化期后，长成若虫，离开妈妈的怀抱。

# 优雅的刀客——螳螂

**昆**虫王国里有这样一群佩戴双刀的刀客，它们疾恶如仇，一旦发现蚊、蝇、蝗等，立刻伺机上前，抽刀斩灭。说到这里，大家知道这些刀客是谁了吗？答案就是螳螂。

##  帅气的外表

螳螂外表精致整洁，它们有纤细优雅的身材、轻薄如纱的长翼、灵活的三角头……看上去十分文雅。

你可千万不要被螳螂的外表骗了哟，它们其实很霸道。螳螂的前肢呈镰刀状，有锯齿，平时向内折叠，看起来好像在行拱手礼。其实这是它们在等待捕猎机会呢。基本上所有的螳螂都会拟态，将自己与环境融为一体，一旦猎物出现，就会用锋利的前肢将猎物狠狠抓住，然后再一点儿一点儿地吃掉。

▲ 螳螂

## 人类的好朋友

螳螂常见于田间、林间，生性好斗，同种族之间经常进行比武大赛，很多战败者都"丢盔卸甲"，失去了强有力的前肢。食物不够时，还会发生大螳螂吃小螳螂、雌螳螂吃雄螳螂的惨剧。不过，一旦人类有需要，螳螂就会立刻放下"私人恩怨"，共同帮人类朋友消灭害虫。

每年夏秋季节，田间害虫增多，螳螂就忙碌起来了。它们可消灭的害虫有数十种，常见的有蚊、蝇、蝗，以及蝶、蛾类的卵、幼虫、蛹、成虫等。

▶中华大刀螂

## 中华大刀螂

　　中华大刀螂，光听这个名字，人们就不由得肃然起敬。这种昆虫虽说名字中有"中华"二字，但并不是我国所独有的。除了我国安徽、江苏、北京、河北、福建、浙江、四川、广东、台湾、湖南等地，在日本、越南、美国等国家也能看到它们威武的身影。

　　中华大刀螂的成虫个头儿不小，身体呈暗褐色或绿色，头为三角形，复眼大而突出。它们喜欢阴凉，讨厌炎热。在炎热的夏天，它们常躲在树冠或杂草丛中休息。等秋季气温降低时，它们喜欢早晚待在向阳的树叶上。

　　中华大刀螂只吃活虫，会用有锯齿的前足牢牢钳住猎物。受惊时，振翅"沙沙"作响，同时显露鲜明的警戒色。

 **兰花螳螂**

　　兰花螳螂不仅形态像兰花，而且颜色也与兰花类似，成虫大多是粉红色或白色的。不过出生不久的兰花螳螂是红黑相间的，在第一次蜕皮之后，才会转变为白色和粉红色相间的兰花体色。

　　兰花螳螂从出生就具有掠食本领。由于它们围绕着花朵生活，又喜欢守株待兔的捕猎方式，因此它们的捕猎对象大多与花有关，比如来采蜜的小蜜蜂、在花蕊间嬉戏的蝴蝶等。

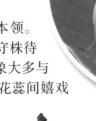

▲兰花螳螂

**幽灵螳螂**

　　如果说兰花螳螂是螳螂中的"仙子"，那幽灵螳螂肯定是螳螂中的"魔鬼"了。

▲幽灵螳螂

　　幽灵螳螂长得太丑了，身体像干枯卷曲的树叶一样。它们个头儿不大，却是优秀的猎手。平时，它们行踪诡异，吃得不多，也不爱主动进攻，喜欢等猎物主动上前受死。然而一旦决定进攻，它们就果断挥"刀"砍杀，毫不手软。

　　需要说明的是，幽灵螳螂"表里不一"，虽然外貌吓人，但心灵美好，和其他种类的螳螂一样，也是益虫。

# 穿"紫袍"的昆虫——紫胶虫

**在**热带地区的山合欢、黄檀、白背叶等树木上，经常可以见到一种紫色的小虫子，它们个头儿小小的，趴在树枝上几乎一动不动，还会分泌紫色的丝状、粉状或片状物。这种小虫子就是紫胶虫。

##  瞧这一家子

紫胶虫属于昆虫纲同翅目，与白蜡虫一样，是雌雄异型昆虫，雄虫完全变态，雌虫不完全变态。在外观上，雄虫和雌虫也有很大的区别。

雌紫胶虫有的长得像不规则的小球，有的长得像胶囊，有的长得像纺锤，腹部有背突的地方生有1根硬背刺。它们的头、胸、腹都连在一起，用肉眼很难找出分界线；触角已经退化得很短；口器属于刺吸式，如同一把锋利的刺刀，扎进植物的身体，吸取汁液。

雄紫胶虫呈梭形，头、胸、腹分段明显，口器退化，触角呈丝状，与雌紫胶虫明显不同。雄紫胶虫又分为有翅膀的和没有翅膀的，有翅膀的雄虫比没有翅膀的雄虫要大一些。

紫胶虫妈妈非常勤劳，不仅要生儿育女，还要分泌紫胶，是全能妈妈的代表。紫胶虫爸爸只分泌很少的紫胶，它最大的任务就是和紫胶虫妈妈谈恋爱。

##  珍贵的分泌物

紫胶虫的分泌物——紫胶，是一种天然树脂，被广泛用于医药、军事、机械、皮革、造纸、油墨、食品等行业。我国的云南、西藏等地是紫胶的主要产地，印度、斯里兰卡、缅甸、泰国、越南等国亦是紫胶的产地。

▼紫胶

# 柔弱的捕虫能手——草蛉

▼草蛉

**夏** 日炎炎，地里的庄稼长势正好，人们仿佛能看到秋天硕果累累的丰收景象。这时候，气势汹汹的蚜虫大军杀过来了。大军过境，玉米低下了头，黄豆弯下了腰，整片整片的庄稼都失去了勃勃的生机。农民伯伯急得直搓手，这可怎么办呢？这时候，草蛉来了，自告奋勇，说它们有办法对付那些可恶的蚜虫。农民伯伯看了草蛉一眼，不禁怀疑地摇摇头。草蛉究竟长什么样，让农民伯伯不敢相信它们呢？

## 柔弱的外表

草蛉体长1厘米左右，身材纤细，复眼炯炯有神且流转着金色的光泽，触角呈丝状。

草蛉身上最漂亮的部位是翅膀，宽阔而透明，分布着精致的网状脉。当草蛉停在草间休息时，翅膀覆在背上，如同一件薄纱斗篷；当草蛉飞舞时，翅膀在身体两侧轻柔扇动，如同飞天旋起的舞衣。

草蛉的卵也很柔弱，它们大多有一条长长的丝柄，一端固定在植物的枝条、叶片、树干等光滑处，另一端挂着椭圆形的卵。微风轻轻拂过，丝柄轻颤，如同花蕊一般美丽。几天后，草蛉幼虫就会从卵壳里钻出来，静静趴在卵壳上。渐渐地，等身体变硬了，变结实了，这些小不点儿就会顺着丝柄滑下来，开启自己的捕虫生涯。

▲草蛉的卵

##  强悍的捕食功夫

当草蛉对蚜虫大军展开攻势后，农民伯伯就乐得合不拢嘴了。大多数草蛉属于肉食性昆虫，喜欢吃蚜虫、介壳虫、红蜘蛛、棉铃虫幼虫、蛾卵等，少数草蛉成虫则以花蜜为食。

草蛉幼虫更是了不起，面对蚜虫时十分凶猛，这从它们的名字"蚜狮"就可以看出来。一旦发现前方有蚜虫，它们就会立即爬上前去，用上、下颚狠狠地夹住蚜虫，让消化液沿着上、下颚

▲草蛉幼虫捕猎

上的细沟流到蚜虫身上，溶解蚜虫的身体组织。而蚜虫的身体溶解成的溶液，会立即被蚜狮吸入腹中。

看到草蛉幼虫如此厉害，人们十分惊喜，便开始人工饲养草蛉，让它们大量繁殖，以防治棉铃虫、蚜虫等农业害虫，获得了不小的成效。

## 种类

草蛉种类虽多，但在中国常见的只有大草蛉、丽草蛉、叶色草蛉、多斑草蛉、黄褐草蛉、亚非草蛉、白线草蛉、普通草蛉和中华草蛉等。我们在野外看见的草蛉以绿色和褐色的居多。

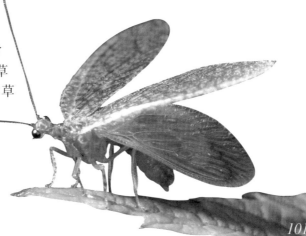

# 蜻蜓的亲戚——豆娘

QINGTING DE QINQI—DOUNIANG

▲豆娘幼虫

**很**多人坚信豆娘是蜻蜓的远房亲戚，甚至把两者混淆。一向好胜的豆娘很不高兴，迫切希望大家阅读下面的内容，以便对它们一族有个深入了解。

## 外形和习性

豆娘体色鲜艳，复眼圆溜溜的，长在头部两侧，如同2个霓虹灯泡；腹部长长的，十分纤细，如同一段松针；2对翅膀大而透明，有网状翅脉，翅脉中间仿佛有一个方形斑。

最小的豆娘体长为1.5厘米左右，最大的豆娘也不超过7厘米，再加上它们外表柔弱，人们总是担心它们会被一阵风刮走了。

不要被豆娘的外表所迷惑，其实它们很凶悍，平时喜欢吃蚜虫、小蚊子、飞虱等，一旦找不到食物，大豆娘就会吃掉小豆娘。

豆娘的成虫一般习惯在水蚤栖息的水域附近活动。不过，不同种类也有自己独特的习惯：有的喜欢栖息在溪流、山沟、田沟等流水水域附近，有的喜欢在池塘、湖泊、沼泽、水洼、水田等静水水域活动。

**与蜻蜓的区别**

　　豆娘与蜻蜓长得很像，所以很多人称它们为"小蜻蜓"。但仔细观察，二者差别大着呢。豆娘的 2 只复眼是分开的；蜻蜓的 2 只复眼是连在一起的，或者小距离分开。豆娘休息时，翅膀收拢，立在背上；蜻蜓休息时，翅膀展开，平放在身体两侧。豆娘前后翅大小基本相同；蜻蜓前翅小，后翅大。

 **古怪的若虫**

　　豆娘的若虫看似不起眼儿，其实它们的很多特征都足以让你目瞪口呆。

▲豆娘交尾

　　豆娘的若虫和鱼一样，是用鳃呼吸的。豆娘若虫有 3 个鳃，长在尾巴上，呈扇形，这些鳃可以吸入氧气，呼出二氧化碳，还可用来转移进攻者的注意力，从而保护头部。

　　一般情况下，豆娘从若虫到成虫需要 3 个月时间，但有的时候却需要 3 年。豆娘若虫没有翅芽，身体基本上是透明的。

　　豆娘的若虫想变成成虫，可不是一件容易的事情。在即将"长大成人"时，若虫会爬出水面，同时会把足牢牢插入植物的茎中，因为它们要在外壳上待上好几个小时才能起飞。在等待时，若虫还要经历以下变化：血液不断地涌入胸部，让胸部迅速膨胀；然后，外壳从胸部后面裂开；接下来，成虫的头部及身体其他部位逐渐从外壳中脱离出来。

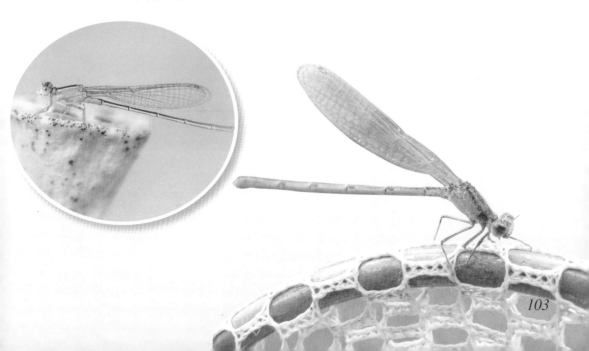

# 水面上的舞蹈家——水黾

SHUIMIAN SHANG DE WUDAO JIA—SHUIMIAN

**在**野外的池塘和沟渠中，我们经常能看到一种昆虫，它们站在水面上，轻盈地跃动，却不会掉进水中，姿势优美，像是舞蹈家。它们就是水黾。

## 认识水黾

水黾是半翅目昆虫，在昆虫王国中体型中等，终生生活在水面上。水黾的成虫长 8 ~ 10 毫米。头部为三角形，身体呈长椭圆形，有 2 条 4 节的丝状触角，突出于头的前方。身上没有花斑，背面黑褐色，无光泽，腹部覆盖一层极为细密的银白色短毛。从天空中俯瞰，因为其身体颜色和水色相近，水黾很难被发现；从水底向上望，它们的腹部呈银白色，和天光映衬，使得水面下的鱼类也看不清它们。这真是高超的隐蔽技术！

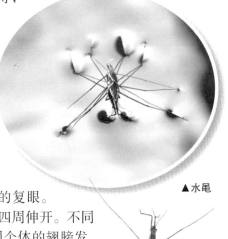
▲水黾

水黾的视力非常好，这得益于两侧发达的复眼。水黾有 3 对足，前足较短，中、后足很长，向四周伸开。不同种的翅膀发育程度不同，甚至在同一种内不同个体的翅膀发育也不同。

## 绝学水上漂

在武侠小说中，有一种轻功叫"水上漂"。水黾就是此中高手。它们不仅能在水面上飘，甚至还能在水面上跳跃。当它们在水面上捕捉猎物时，能够以极快的速度滑行，每秒滑行的距离可达 1.5 米，相当于它们身体的 150 倍。如果把水黾看作一个身高 1.8 米的人类，那么就相当于人以每秒 270 米的速度游泳。速度简直像闪电一样。

## 为什么能浮在水面上

水黾为什么能如此自如地浮在水面上呢？科学家经过研究，才发现水黾浮水的秘密。原来，秘密在水黾的腿上。水黾的 1 条长腿就能在水面上支撑起其身体 15 倍的重量而不会沉没。水黾的腿部有一种非常特殊的微纳米结构，能够将空气有效地吸附在腿部极其细小的绒毛中，形成一层稳定的气膜，阻碍了水滴的浸润，宏观上表现出水黾腿的超疏水特性。正是这种超强的负载能力使得水黾在水面上行动自如，即使在狂风暴雨和急流中也不会沉没。

## 腿上有雷达

水黾以落入水中的小虫体液、死鱼或昆虫为食。通过腿上非常敏感的器官，它们可以感受到落入水中的昆虫的挣扎，就像安装了雷达一样，一有虫子落在水面上，它们就飞奔过去。水黾一般生活在静水中，常成群聚集在水面上，有些种类也专门生活在流水中。

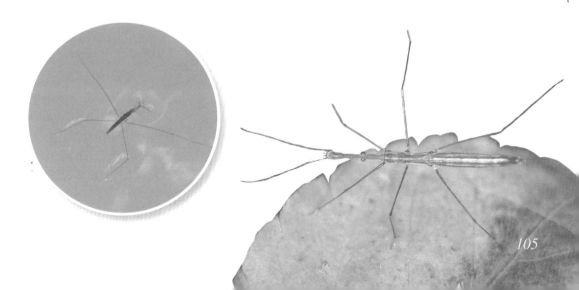

# 蚜虫的天敌——食蚜蝇

**如**果做一个最讨人厌的昆虫排名表，那么蝇类家族绝对会有大部分上榜。不过有一种蝇却和其他兄弟姐妹不同，它们不仅不会被讨厌，还会被亲切地冠以益虫的名誉，它们就是食蚜蝇。

 ## 外貌像黄蜂

食蚜蝇的外形很像蜂类家族中的黄蜂。成年的食蚜蝇体长可达4厘米，肚子上有黄色和黑色的斑纹，有的种类身体较宽，有的则很娇小；有的身体很光滑，有的身体长着绒毛。它们头部的触角很短，后背有一对膜状翅膀，腿和蜂类比起来较细。

▲食蚜蝇

 ## 生活习性多样

食蚜蝇喜欢阳光，它们在早春时出现，到春夏之交的时候大量繁殖，非常活跃。它们常常在花丛中飞舞，取食花粉、花蜜，并传播花粉，或吸取树汁。

它们之所以那么喜欢吃花粉，是因为成虫只有吃过花粉后才能发育繁殖，否则就不能产卵。幼虫孵化之后，或者啃食叶片或者捕食周围的蚜虫。因为种类很多，所以食蚜蝇的幼虫生活习性也很复杂。例如：腐食性种类以腐败的动植物为食，并在其中越冬；也有部分幼虫生活于污水中。此外，某些类群的幼虫生活在其他昆虫的巢内，吞食已死的幼虫和蛹以及某些动物的排泄物。

## 蚜虫杀手

蚜虫是地球上最具有破坏力的害虫，其中大约有 250 种是对农林业和园艺业危害严重的害虫。而食蚜蝇大部分种类的幼虫是蚜科、介科等同翅目害虫的天敌，在生物防治上是一股有效的力量。成虫在产卵的时候，通常都会把卵直接产在蚜群的附近甚至群中，这样幼虫一孵化出来，就可以很快地找到食物。据统计，每只幼虫到化蛹前能吃掉数百只蚜虫，它们可真能吃呀。

## 伪装大师

食蚜蝇绝对能算得上是昆虫王国中的伪装大师，它们本身无螯刺或叮咬能力，但为了自保，它们在体形、色泽上与黄蜂或蜜蜂相似，且能仿效蜂类做螯刺动作。有些体型较大的甚至能把自己装扮得和熊蜂很像，并且能发出蜜蜂一样的嗡嗡声。这样不仅能够躲过某些鸟类的捕食，还能吓跑自己的天敌。除此之外，食蚜蝇继承了蝇类家族高超的飞行能力，它们能够在空中悬停，或者突然作直线高速飞行而后盘旋徘徊。别小看这些技巧，它们常常能在危急关头救食蚜蝇的性命。

### 你知道吗

在全世界有 6000 多种食蚜蝇，我国已知有 300 余种。并不是所有种类的幼虫都吃蚜虫。事实上，有些种类的食蚜蝇幼虫并不吃蚜虫，而是待在植物上吃植物的叶片。

# 专注的采蜜者——熊蜂

**蜜**蜂向来都是勤劳的代名词，可是在蜂族中有一种蜂的勤奋和专注程度，就算是蜜蜂都比不过，堪称蜂族中名副其实的"劳动模范"。现在就让我们看看这位一直隐藏在幕后的劳模吧！它就是熊蜂。

▲ 熊蜂

## 熊蜂的长相

　　熊蜂长得有点儿像蜜蜂，但相比蜜蜂娇小的身材来说，熊蜂的个头儿比较粗大，而且身上长着很多毛，大多数熊蜂的身体长 1.5 ～ 2.5 厘米，体色一般以黑色居多，并带有一些黄色或橙色的宽带斑纹，有较长的吻（口器）。熊蜂有很多种，分布在世界很多地区，在温带尤其常见。中国至少有 150 种熊蜂。

## 半社会性昆虫

　　熊蜂虽然也过群体生活，也分雌蜂、雄蜂和工蜂，但它们却不是纯粹的社会性昆虫。它们不像蜜蜂那样一个群落能延续好多年而不衰亡。事实上，熊蜂是介于独居蜂和社会性蜜蜂的中间状态，所以我们称它们为半社会性昆虫。它们虽然能够自发地组成一个以蜂后为核心的群体，但却不能长期延续这个群体。大多数的熊蜂群体只有一年的生命周期。通常都是在春暖花开的时候，越冬后的蜂后会出来

寻找适于做蜂房的地点，为了方便，它们通常都会选废弃的鸟巢或者老鼠洞。选好巢穴之后，蜂后一边采集花粉，一边产卵。接着工蜂最先孵化，然后负责清理巢房、储备蜂粮、调节巢房温度以及与蜂后共同照料子蜂。雄蜂出现较晚，专司交配，交配后几天就死掉了。新的蜂后长大后会飞离蜂群另找一个地方越冬，待来年开始营造属于自己的蜂群。而之前蜂群中的蜂后在秋天来临时停止产卵，随后随着冬天的到来，整个蜂群逐渐衰亡。

##  采蜜的优势

前面我们说过，熊蜂在采蜜方面要比蜜蜂更加高效和专注。下面我们就来看看它们采蜜有什么绝招儿吧。

首先在口器上，熊蜂具有比蜜蜂更长的吻，对于一些深冠管花朵，如番茄、辣椒、茄子等的花，蜜蜂的吻短，会有些力不从心，而熊蜂则会很轻松地采到花粉。其次，熊蜂的身体强壮，寿命长，飞行距离在 5 千米以上，对蜜源的利用比其他蜂更加高效。第三，熊蜂对外界温度的变化适应力强，在蜜蜂不出巢的阴冷天气，熊蜂却可以照常出巢采集花粉。最后一点，熊蜂的进化程度低，对于新发现的蜜源不能像蜜蜂那样相互传递信息，也就是说，熊蜂能专心地在温室内作物上采集花粉，而不会像蜜蜂那样从通气孔飞到温室外的其他蜜源上去。因此，熊蜂成为温室中比蜜蜂更为理想的授粉昆虫。

# 害虫终结者——赤眼蜂

HAICHONG ZHONGJIE ZHE—CHI YAN FENG

**警**报！警报！玉米田里出现了很多玉米螟，这些害虫正在疯狂地对玉米植株进行啃食。农民伯伯赶紧去请求赤眼蜂支援。一段时间后，玉米螟被消灭了，赤眼蜂又立了大功。

▲ 赤眼蜂

 **赤眼蜂的长相**

赤眼蜂是属于膜翅目的一种寄生性昆虫，从名字上我们就能看出来，它们的眼睛是红色的。赤眼蜂成虫体长 0.36 ~ 0.9 毫米，触角短，翅膀为膜质，翅面上有纤毛，有些种类翅面上的纤毛排成若干毛列。赤眼蜂腹部与胸部相连处宽阔，产卵器不长，常不伸出或稍伸出于腹部末端。

赤眼蜂科约 7 属，40 种，均为卵寄生，分别以鳞翅目、同翅目、鞘翅目、膜翅目、双翅目、脉翅目、蜻蜓目、缨翅目、直翅目、广翅目等昆虫卵为寄主。成虫交配后，雌蜂把受精卵产在寄主的卵内。随后，幼虫在寄生卵内孵化，然后把寄生卵的卵黄吃掉，一段时间之后，结成蛹，羽化后咬破寄主卵壳，外出自由生活。

##  神奇的繁殖技巧

看到这里，也许你会产生这样的疑问，赤眼蜂是如何准确地找到适合寄生的卵呢？原来，害虫在产卵时会释放一种信息素，赤眼蜂能通过这些信息素很快找到害虫的卵，它们在害虫卵的表面爬行，并不停地敲击卵壳，快速准确地找出最新鲜的害虫卵，然后在那里繁殖。赤眼蜂在寄生卵内25℃恒温下，发育历期10～12天，卵期1天，幼虫期1～1.5天，预蛹期5～6天，蛹期3～4天。30℃恒温时历期仅8～9天。

赤眼蜂由卵到幼虫，由幼虫变成蛹，由蛹羽化成成虫，甚至连交配、怀孕，都是在卵壳里完成的。一旦成熟，它们就破壳而出，然后再通过破坏害虫的卵繁衍后代。

##  除害能手

赤眼蜂是世界上应用于农林害虫生物防治最广泛的一类寄生蜂，特别是在抑制许多鳞翅目害虫的大量繁殖时，赤眼蜂起着十分重要的作用。用赤眼蜂寄生产卵的特性防治农业害虫，对环境没有任何污染，保证人畜安全，还能保持生态平衡。可谓一举多得。事实上，早在20世纪初期，美国就开始应用赤眼蜂防治各种害虫，效果非常出色。我国在应用赤眼蜂防治玉米螟等害虫领域也取得了显著的效果。

# 苍蝇克星——捕蝇蜂

CANGYING KEXING—BUYINGFENG

**在**昆虫王国中，苍蝇是一个惹人烦的讨厌鬼，不仅发出的嗡嗡声讨人厌，还浑身携带着多种病菌。不过，好在有见义勇为的英雄来惩罚苍蝇，它们就是捕蝇蜂。从名字中我们就能看得出：它们是苍蝇的克星。

## 捕蝇蜂的特性

捕蝇蜂喜欢明亮的阳光和蔚蓝的天空，在这样的好天气里，它们会选择松软的沙土地挖洞筑巢。它们的身体长约2~3厘米，6条腿，两条前腿上生长着一排排的硬毛，就像刷子。在筑巢的时候它们通常用两条前腿工作，4条后腿则支撑着整个身体。它们先用前腿把松软的沙土弄起来，然后向后抛洒，动作非常之快。

捕蝇蜂并不是直接在沙土地上挖一个洞就当巢了，而是先挖出一条隧道，大约有手指那么粗细，长约30厘米，隧道的尽头是一个"小屋"，这才是它们真正的巢穴。

它们在这个巢穴中产卵，孵化出的幼虫也会在这个"房间"中长大。

## 飞行高手

我们都知道，苍蝇在昆虫王国中，论飞行技巧绝对是高手，它们可以随心所欲地在空中悬停，倒飞，急转弯等。正是因为苍蝇这种高超灵活的飞行技巧，很多鸟

▲捕蝇蜂

类宁愿去捕食其他昆虫，也不愿意耗费精力去和它们周旋。但对捕蝇蜂来说，苍蝇的飞行技术虽然不错，但在它们面前却算不上什么，因为它们的技术更加高超。当捕蝇蜂遇到苍蝇的时候，双方一追一逃，打得难分难解，不分上下，因为速度太快，就算你眼睛都不眨，也分辨不清谁是袭击者谁是自卫者。不过这种战斗并不会维持很久，不一会儿，捕蝇蜂就用双腿夹着它的俘虏飞走了。

##  称职的妈妈

　　被捉到的苍蝇会被捕蝇蜂送回巢穴中，这个时候巢穴中已经有了一枚白色的卵。卵是之前捕蝇蜂产下的，它之所以去捕猎苍蝇，就是为了给自己的孩子准备食物。捕蝇蜂的卵，会在 24 个小时以后孵化成幼虫，幼虫就靠吃母亲为它准备好的死苍蝇长大。大约两三天之后，捕蝇蜂的幼虫就把那死苍蝇吃完了。这时的母蜂离家并不很远，你可以看到它有时从花蕊里吸几口蜜汁充饥，有时快乐地坐在火热的沙地上——它是在看守自己的家。它会常常在家门口清理一些沙，然后又飞走了，过一段时间再来。

> ### 千奇百怪
>
> 　　蜘蛛织网时是从尾部抽丝，而足丝蚁则从前足抽丝。足丝蚁前足膨大的基跗节内有丝腺，能分泌具有黏性的丝，这些丝是它们建造丝隧道、编制丝巢的主要材料。足丝蚁的形态还和性别有关系。雌足丝蚁的复眼小，雄足丝蚁的复眼大；雌足丝蚁没有翅膀，雄足丝蚁一般有2对翅膀，但飞行能力较差。

可是不管它在外面待多久，它总不会忘记估算一下家里的食物还能维持多久，作为一个母亲，本能会告诉它什么时候孩子的食物快吃完了，于是它就带着新的猎物回到自己的巢里。

# 白蚁猎杀者——猎蝽

在昆虫王国中有这样一个族群，它们依靠捕食其他昆虫为生，是大名鼎鼎的捕食者。很多昆虫听到它们的名字，便会立刻吓得四散奔逃。它们就是猎蝽。

▶猎蝽

## 长相丑陋

猎蝽是半翅目下的一种中大型昆虫。体长 1 ~ 2.5 厘米，身体通常比较结实，多数种类身体呈长椭圆形，少数种类身体细长。猎蝽的头部相对较小，平伸；触角细长；吻短，呈弓形，藏于前腹前，用来吸食被捕到猎物的体液。

猎蝽长相丑陋，其貌不扬，没有其他半翅目昆虫的艳丽色彩，全身黑色，或者泥土色。但它们却是昆虫王国中为数不多的猎杀者，专门以捕猎其他小型昆虫为生。

猎蝽科昆虫在全世界已知的有 3000 种以上，多分布于暖热地区。中国已知的有 300 余种，大部分种类分布在南方。

## 白蚁的天敌

猎蝽对人类来说是一种益虫，因为它们最喜欢猎食白蚁。猎蝽是怎样捕捉白蚁的呢？原来，猎蝽会守在白蚁的巢穴前，并进行伪装，守株待兔，等待白蚁自动出现。众所周知，白蚁是没有视力的，因此，在它们出洞的时候，靠的几乎都是嗅觉。而猎蝽所利用的正是这一点，当一只白蚁出洞的时候，猎蝽会猎杀掉它，其他的兵蚁闻到了自己同胞遇难的气息，便纷纷前往救援。结果可想而知，自动上门的白蚁不可计数，所以往往是白蚁们遍体鳞伤，而猎蝽则

不费吹灰之力就能大饱口福。

 **拥有多种捕猎方法**

　　猎蝽之所以名字中有个"猎"字，那是因为它们真的是非常善于捕猎。无论是白天还是夜里，你都能看到它们在活动，而且捕猎方法巧妙多样，例如，有些种类靠分泌黏液来粘捕猎物，有些则非常聪明地把蚂蚁黏附在后背上进行伪装。

 **栖息场所多样**

　　猎蝽对环境的适应程度很高，在大多数的环境中都能自如地生活。它们有的栖息在植物上，有的躲藏在树洞和石缝中，有的则潜伏于树皮、石块下。猎蝽为不完全变态昆虫，一生由卵、若虫、成虫几个阶段构成。猎蝽的卵大多直接产在地面上，有的散落在地表，有的则粘在其他物体上。若虫和成虫长相类似，有些种类腹部有臭腺，可用来对付敌人。

# 昆虫研究室
## ——我们活得不容易

在人类看来，我们昆虫每天都过着优哉游哉的日子：想吃就吃，想睡就睡，要么呼朋唤友地聚餐，要么引吭高歌，要么流连于花间，要么穿梭于草丛……任何时候都是一副轻松自在的模样，简直让人嫉妒。可有谁知道我们的难处呢？

## 家破人亡

我们昆虫的日子一直都没人类想象得那么轻松，我们得时刻警惕天敌的袭击。不过最让我们痛苦的是，由于人类对空气、森林、草原、河流等生态环境的破坏，很多同胞都无家可归了。人类呀，长此以往，家破人亡的可不只是我们昆虫。

## 小心，有毒

不知道从什么时候开始，充满清香味的庄稼地里多了一种刺鼻的怪味道。吃上一口带着怪味的食物，不一会儿我们就头晕恶心，东倒西歪的，还没到家呢，就倒地不起，再也没有睁开眼睛。开始时我们不知道是怎么回事，后来我们才知道是农民伯伯喷洒了农药。这些农药有的是为了促进农作物生长的，有的是专门用来除掉害虫的。可该除掉的是害虫，不应该牵连益虫啊。

## 美丽不是错

我们想对人类大声说，美丽不是我们的错！不要因为我们的美丽，就大肆捕捉我们。我们东躲西藏，却逃不过你们的天罗地网。蝴蝶因为斑斓的色彩，被捉走了；独角仙因为个性的大角，被捉走了；蝈蝈儿因为清亮的嗓音，被捉走了……我们藏在事发地周围，满怀希望地等待，等待你们将我们的伙伴送回来。可我们一次又一次地失望了，偶尔回来的伙伴，也是奄奄一息的样子。

## 握握手，让我们共同守护自然

我们昆虫是维持生态平衡的重要角色。没有我们，花朵无法传粉，果树无法结果，庄稼无法丰收，环境无法清理，人类就会饿肚子、生活在垃圾堆里。所以，人类呀，来和我们握握手，约法三章，共同守护大自然吧。

约法三章：

不乱抓我们取乐，远远地欣赏就好。

不破坏我们的栖息地，保护环境，给我们留一点儿存活空间。

减少农药的使用，多用有机肥。

# 5

第五章

# 臭名昭著的害虫

# 害虫声讨会

**▶▶ HAICHONG SHENG TAO HUI**

**"最佳益虫奖"** 颁奖晚会结束后，昆虫王国准备再举行一次 "最可恶害虫声讨大会"，讨伐那些给昆虫王国带来负面影响的害虫。可究竟哪些种类的昆虫算是害虫呢？

## 害虫的标准

此次声讨大会声讨的害虫专指对人类有害的昆虫。可是很多昆虫既做好事，也做坏事，到底算不算害虫呢？大家整整讨论了一天，也没讨论出一个结果。最后，还是趴在角落里的七星瓢虫发话了："很多昆虫都有两面性，既做好事，也做坏事。所以，去找那些坏事做得多、好事做得少或从不做好事的昆虫吧。"

▲ 蝗虫

大家听了七星瓢虫的话，都深表赞同。于是，昆虫王国开始了一轮 "搜捕害虫" 运动，标准就是：对人类有害，且害大于益。

## 对农业有害的害虫

最先被声讨的害虫是那些破坏农作物的家伙。豆娘代表指出："世界上危害玉米的昆虫有200多种，危害苹果树的昆虫有400多种……这些家伙简直是'无烟的火灾'，常常导致农作物歉收、绝收。

"人类对这些害虫恨之入骨，根据作案方式的不同，将它们大致分为4类。

"食叶类害虫——一般取食植物叶片，常常吃光整片农作物的叶子，严重影响农作物正常生长。

"刺吸式害虫——这类害虫大多个体小、数量多，喜欢群居在植物的嫩枝、嫩叶、芽、花蕾、果实等上，汲取汁液，掠夺植物的营养，导致枝叶卷曲、花朵残败，严重的会导致整株植物枯萎或死亡。园林植物最害怕这类害虫。

"蛀食性害虫——这类害虫大多是幼虫阶段作案，而且是隐蔽作案。它们专门蛀食植物枝干，在植物内部形成交错纵横的虫道，破坏输导组织，导致植物枯萎或者死亡。

"地下害虫——这类害虫生活在土壤里，取食刚发芽的种子，苗木的幼根、嫩茎和叶部幼芽等，使种子、苗木不能正常生长。"

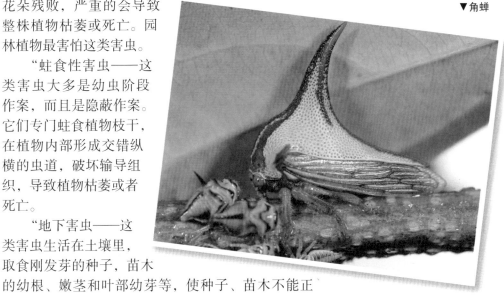
▼角蝉

## 传播病菌的昆虫

天蚕代表发言："还有一类昆虫也进入了害虫榜，即传播病菌的昆虫。这类害虫通过吸血、产卵、排泄粪便等方式传播病菌，导致人、畜生病，甚至死亡。最常见的就是苍蝇、蚊子、虻等。一只苍蝇可携带、传递的细菌有数十种，可导致多种疾病发生。"

▼被毛虫侵害的树叶

# 穿"毛衣"的害虫——松毛虫

夏天到了，毛毛虫又现身了。一说起毛毛虫，很多女孩子就会浑身起鸡皮疙瘩，甚至见到毛毛虫还会惊恐地大声叫喊。女孩子为什么会这么怕毛毛虫呢？一起来了解一下吧。

## 长得有些难看

有一种毛毛虫的学名叫松毛虫，它是鳞翅目昆虫的幼虫，生活在松树上。它们长得有些难看，身体软乎乎的，爬行的时候一耸一耸的，常成群结队地出现。

松毛虫还是卵时大多呈黄色、淡绿色、紫褐色等，孵化后就会变为棕红、灰黑等色，身上长有花斑。从小到大，松毛虫都披着一件"毛衣"，将自己从头到尾捂得严严实实的。这些"毛衣"样式、颜色不一，有的毛很长，有的毛很短；有的是白色，有的

▲松毛虫的成虫

是黑色，还有的是棕色。不要小瞧这件"毛衣"，"毛衣"含有很剧烈的毒，接触水源，就会污染水源；触及人体，就会使人的皮肤红肿，甚至溃烂。

## 列队出行

一只松毛虫就能让人心生恐惧，那一队松毛虫呢？这些长相恐怖的家伙最喜欢列队出行。它们的队伍非常有意思，都是后面一只的头部顶着前面一只的尾巴，一只一只地排下去。排在最前面的那只负责探路，带领整支队伍井然有序地匀速前进。这个领路者具有绝对权威，即使它不停地在原地绕圈，队伍也会毫无异议地跟着它，绝对没有叛逃出

队者。

 **当松毛虫遇上灰喜鹊**

　　松毛虫是有名的害虫，它们常把松叶吃光，造成松树成片死亡。据观察统计，100多只松毛虫可以在2个星期内把1棵枝繁叶茂的松树吃成"光杆儿司令"。我国已知有20多种松毛虫，其中经常造成大面积灾害的有马尾松毛虫、油松毛虫、赤松毛虫、落叶松毛虫、思茅松毛虫和云南松毛虫等。

　　松毛虫如此嚣张，让正义的灰喜鹊非常生气。为了不被毒毛刺伤，灰喜鹊捉到松毛虫后，会先把它们扔在石头上，将毒毛蹭去，然后再用利嘴将松毛虫啄成碎块慢慢享用。遇到这么聪明的鸟，松毛虫就算有三头六臂，也在劫难逃。据统计，1只灰喜鹊1年能吃掉1万多只松毛虫，是对松树贡献最大的鸟。

▼松毛虫的天敌——灰喜鹊

▲松毛虫的成虫

123

# 最聒噪的害虫——蝉

ZUI GUOZAO DE HAICHONG—CHAN

夏天最聒噪的昆虫是什么？相信大家都会说是蝉。尤其在午后最炎热的时候，它们叫得最大声，让想要午睡的人恨得牙痒痒。可任你用尽千般办法，它们依然叫声洪亮。

▶蝉

## 悠长的生命历程

蝉又叫知了，主要生活在温暖地带的森林、草原、沙漠，属于半翅目昆虫，种类较多，一般体长 2 ~ 5 厘米。

蝉的翅膀非常漂亮，透明且薄，翅脉清晰，人们还据此创造了成语"薄如蝉翼"。

蝉属于不完全变态昆虫，一生要经历卵、若虫、成虫 3 个阶段。蝉的卵大多产在木质组织内，若虫孵出后会急慌慌地钻到地下，吸食植物根中的汁液。经过几次蜕皮后，若虫会变成成虫。

在昆虫王国中，蝉的长寿"举国闻名"。从卵开始计算，一般蝉的寿命有 2 ~ 3 年。不过，在美国有一种蝉叫十七年蝉，它们的寿命可达 17 年，是蝉中的"长寿老祖"。这种蝉每隔 17 年就会大规模出土，引起很多昆虫学家和昆虫爱好者的兴趣。

## 最后一次蜕皮

若虫在树干上找到合适的位置后，就用钩状前腿将自己牢牢地挂在树上。此时它们的身体必须垂直于树身，否则会导致成虫翅膀发育畸形。稳固好自己的身体后，蝉便开始蜕皮了。先是后背出现一条灰黑色的裂缝，然后是脑袋顺着裂缝一点儿一点儿地挤出来，接着露出来的是胸部、腹部。

胸部钻出来后，蝉会立刻倒挂在树上，使体液流入翅膀上的体液管，迫使翅膀展开。刚展开的翅膀软塌塌的，需要体液管内的体液支撑。但这些体液很快就会被抽回体内，如果这时候蝉的翅膀还未晾干，那它们便会终生残疾，无法飞行。

 ## 危害大树的"吸血鬼"

蝉的成虫简直是危害大树的"吸血鬼"。它们有一个针状的口器，能刺入树干，吸食树液，致使大树营养流失。更过分的是，雌蝉将卵产在树枝的木质组织中后，还会绕着树枝底部，用口器刺出一圈小空洞，如同给树枝戴了一串项链。不过，这串"项链"没有让树枝变得更美丽，反而导致树枝上部因吸收不到养分而枯死。

 ## 蝉的趣闻

别看蝉的个头儿比蚂蚁大几十倍，可它们总被蚂蚁"欺负"。很多喜欢吃树液的蚂蚁，看到蝉刺出一个孔洞后，就会爬到蝉的肚子底下，和蝉抢树液吃。蝉抢不过蚂蚁，只好默默地去开垦下一个地盘。

蝉一天到晚地吮吸树液，遇到攻击时，便急促地把贮存在体内的废液排到体外，以减轻体重，迅速起飞逃命。

125

昆虫百科全书
KUNCHONG BAIKE QUANSHU >>>

# "嗡嗡嗡"的吸血鬼——蚊子

▶▶ "WENG WENG WENG" DE XIXUEGUI—WENZI

炎热的夏天，人们最期待傍晚的到来。太阳下山后，空气里有了一丝凉意，在屋里躲了一天的人们急忙走到室外，想吹吹凉风，舒坦一下。不承想，"嗡嗡嗡"的蚊子却开足马力飞了过来，追着人们吸血。

## 娇小的身材

蚊子是人们最讨厌的昆虫之一。它们身体细长，6 条腿也细细长长的，体长一般不超过 1.5 厘米，前翅透明，后翅已经退化为平衡棒。不要小瞧蚊子那对小小的前翅，它们每秒能振动好几百次呢，这种高频率的振动让它们飞行的时候发出"嗡嗡嗡"的声音。

## 讨厌的吸血鬼

蚊子有一个长长的刺吸式口器，是它们刺吸血液或草木汁液的利器。潮湿的草丛、阴暗的石缝等处，都有蚊子的身影。一旦有人或恒温动物出现，它们会立刻追上去，用尽全身力气刺入目标的皮肤，饱吸一顿热血。被蚊子叮咬之后，皮肤会红肿、发痒，甚至溃疡，让人苦不堪言。人们对蚊子恨得牙根痒痒，为消灭它们，轮番使用蚊香、杀蚊喷雾剂、电蚊拍等杀蚊武器。

需要说明的是，这些在夏秋

▲ 雌蚊

▼蚊子

季节令人困扰不堪的蚊子都是雌性的。

雌蚊子吸血是为了促进卵巢发育，产下后代，这是做妈妈的一片苦心，但它们传播疾病就太不应该了。蚊子携带多种病菌，是登革热、疟疾、黄热病、丝虫病、流行性乙型脑炎等疾病的主要传播者。

和雌蚊子不同，雄蚊子对血液没兴趣，它们喜欢吃植物的汁液和花蜜。

▲ 雄蚊

## 短暂的一生

蚊子属于完全变态昆虫。雌蚊子将卵产在水边、水面或水中后，没多久，蚊子的幼虫孑孓就出生了。孑孓生活在水中，以细菌和单细胞藻类为食，先蜕皮，然后化蛹。经过几天的蛹期，蚊子成虫就出世了。

蚊子成虫的使命是产下后代，所以它们飞出水面后的第一件事就是寻求伴侣交配。交配后，雄蚊子能活 1 个星期左右，雌蚊子至少能活 1 个月。

## "冬眠"

一般蚊子在每年 4 月开始出现，秋天天气变冷时，就会停止繁殖，大量死亡。不过有些会在墙缝、衣柜背后、暖气管道内躲起来，这样既可以保暖，又能降低新陈代谢速度，有点儿像冬眠。

# 肮脏的代表——蝇

**▶▶ ANGZANG DE DAIBIAO—YING**

**除**了一些洁身自好的种类，如食蚜蝇，蝇家族成员大多很令人讨厌。每年天气转暖的时候，它们就从角落里飞了出来，有的在腐烂的水果旁盘旋，有的在污水沟边休息……几乎在世界上任何一个脏乱的角落里，人们都能见到它们的身影。

##  蝇的形态

　　蝇是双翅目昆虫，种类很多。它们大小不一，一般为 6 ~ 7 毫米，有的呈灰、黑灰、黄褐、暗褐等色，有的呈蓝绿、青、紫等带有金属光泽的颜色。前翅膜质，透明，有翅脉；后翅退化成平衡棒。腹部圆筒状，末端稍尖。

　　蝇的头部呈半球形，上面有 3 个单眼。蝇的复眼很大，通常雄蝇的复眼间距较窄，雌蝇的复眼间距较宽，少部分种类的雄蝇和雌蝇复眼间距相等。

　　不同种类的蝇，口器也不一样。非吸血性蝇类的口器为舐吸式，可伸缩折叠，便于直接舐吸食物；吸血性蝇类的口器为刺吸式，这类蝇的唇瓣退化，喙齿发达；还有一类不食蝇，口器退化，不进食。

　　很多蝇的模样都差不多，究竟该怎样区分它们呢？蝇的胸部背板上长有很多细小的鬃毛，这些鬃毛的排列方式因种类不同而不同。另外，蝇的胸部

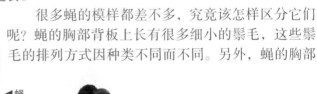

◀蝇

背板上还长有不同的斑纹，这也是区分蝇不同种类的一个依据。

##  蝇的一生

蝇是完全变态昆虫，一生要经历卵、幼虫、蛹、成虫4个阶段。蝇的卵呈乳白色，0.1厘米左右长，细长略弯，常常几十粒乃至几百粒堆在一起。蝇的幼虫就是我们常说的蛆，多数为圆柱状，头部略尖，尾部钝圆，体色多为乳白色。经过几次蜕皮后，幼虫爬进疏松的土壤内，身体收缩变硬，进入化蛹阶段。一般经过1个星期左右，蝇的成虫就能破蛹而出。有趣的是，某些雌蝇并不产卵，而是将卵留在肚子里孵化成幼虫，然后直接产出幼虫。

## 蝇的生活环境

不同种类的蝇生活在不同的环境中，人们据此将那些讨厌的蝇大致分为以下几类：人粪类、畜禽粪类、腐败动物质类、腐败植物质类和垃圾类。

大多数蝇的生活环境又脏又乱，其本性又追腥逐臭，导致它们携带着大量病菌，尤其是它们的足部爪垫上面那满满的能分泌黏液的纤毛，携带的病菌最多。生活在蝇类滋生的环境中，人们患上痢疾、霍乱、伤寒、结核病等疾病的概率就会大大增加。

129

# 家畜最讨厌的昆虫——虻

JIACHU ZUI TAOYAN DE KUNCHONG—MENG

**夏**天一到，"吸血鬼"纷纷来报到。你看那草丛中的大白马，一边忙着嚼青草，一边忙着用拂尘般的尾巴在身上东抽一下、西甩一下的。白马在抽啥呢？虻。

▲虻

## 又见"吸血鬼"

一直以来，我们都以为蚊子是昆虫中最厉害的"吸血鬼"。殊不知，强中更有强中手，虻吸起血来，可比蚊子狠多了。据调查，1 只普通的虻 1 次能吸血 20 ~ 40 毫升。

虻是一种中大型昆虫，体形粗壮，呈长椭圆形；头部宽大，几乎与胸部等宽；触角短短的；复眼呈黑绿色；翅膀宽且透明，翅脉清晰。从整体上看，虻好像是放大版的苍蝇。不过，虻的复眼与苍蝇的不一样，雄虻的复眼是相连的，雌虻的复眼是分开的。

虻的飞行能力很强，飞行时会发出又快又急的"嗡嗡"声，听起来好像找不到头绪、四处乱飞似的。因此，人们又称它们为"瞎虻"。实际上，虻一点儿也不"瞎"，总是能很快发现目标，并不顾一切地叮上去。

## 吸血工具

虻和蚊子一样，雄性吸食植物汁液或花蜜，雌性才吸血。捉来 1 只雌虻，用放大镜观察它的口器，你会发现这简直是天生的吸血利器！雌虻的口器十分发达，

上、下颚与口针锋利得如同刀片和尖锥，在动物皮肤上轻轻一划，血珠子就渗了出来。就连最坚韧的兽皮，都抵挡不住这个利器的"进攻"。

虻的唇瓣上有一个拟气管，是它们吸血的吸管。血珠子刚渗出来，虻就利用拟气管"刺溜"一下吸进肚去。血再渗出，虻再吸入。如此反复，直到虻吃饱为止。

虻在这些吸血工具的辅助下，成为恶贯满盈的畜牧业害虫。哪儿的牲畜多，哪儿就有它们的身影。牲畜被虻叮咬后，患处红肿疼痛，痛苦不堪，奶牛甚至会因此而产奶量降低。虻还传播病菌，导致野兔热、炭疽病、马传染性贫血病等恶性疾病的发生。

## 魔鬼中的天使

并不是所有的虻都以吸血为生，有些虻也有善良的一面。中华盗虻就偏好吃小昆虫，如椿象、隐翅虫等。中华盗虻捕猎时"快、狠、准"，足部灵活有力，布满尖锐的小刺，可以牢牢抓住猎物。抓到小昆虫后，中华盗虻会将消化液注入昆虫体内，待昆虫内脏化成液体后再吸入腹中。

# 群集成"云"——蝗虫

**如**果要给害虫们制定一个破坏力排行榜，我们蝗虫肯定会高居榜首。这次声讨大会我们就被批判啦，可是我们"虫多势众"，根本不在乎。

 **给我们画像**

哼哼，人类可真"贴心"，给我们起了这么多名字，如蚂蚱、蚱蜢、草螟等。我们的体色通常为绿色、灰色、褐色或黑褐色；口器坚硬，为咀嚼式；触角较短；前胸背板非常坚硬，向左右延伸到两侧；中、后胸固定在一起，不能活动。前翅又窄又硬，后翅宽大而柔软，呈半透明状，飞行能力很强。腿很发达，尤其是后腿的肌肉十分有力，再加上外骨骼坚硬，所以跳跃本领十分高强。

▼蝗虫

 **有的也吃肉**

我们大多数以啃食植物叶片为生，最喜欢吃禾本科植物，是著名的农业害虫。也有一些家族成员觉得光吃植物太没营养，所以它们也吃其他昆虫的尸体，饿极了，连同类也不放过。

## 罪行大记录

也不知哪个益虫说过："在所有的害虫中，蝗虫的罪行罄竹难书。"走着瞧，我马上叫来同族把这场该死的声讨大会搅黄了！虽然我们蝗虫个体战斗力一般，但我们集合起来，就像一片乌云，在百米之外都能听见我们啃食庄稼的声音。我们过境，总能严重危害农作物的生长，减少农作物的产量。

古今中外，我们泛滥成灾的事例真是太多了。1957 年，非洲索马里曾爆发了一次声势浩大的蝗灾，为害的蝗虫达 160 多亿只，总重 5 万吨。我们的那些前辈每天都要吃掉 5 万多吨的绿色植物！现在，国际上每年都要拨巨款来与我们而战，人类作战的手段有火攻、飞机洒药、细菌病毒攻击……人类多多少少也取得了一些成效，但还是不能彻底战胜我们。

哎哟，好痛！光顾着炫耀了，我的脚被咬伤了，而且是被亲兄弟咬的！唉，帮凶多了也不是好事，一旦我们缺乏食物，就会自相残杀。

## 蝗虫的天敌们

除了治蝗专家们的各种灭蝗手段，讨厌的蛙类和鸟类也是灭蝗主力军。这两类动物可都是我们的天敌呀！尤其是蛙类，它们与我们生活在相同的生态环境中，却总是想方设法地制约我们繁衍生息。在鸟类中，食蝗最多的是燕鸻、白翅浮鸥、田鹨、粉红椋鸟等。

在天敌面前，我们的日子曾经苦不堪言，但那都是过去的事了。说起来，还得感谢人类，人类破坏环境，肆意捕捉蛙类和鸟类，使得这两类动物的数量不断减少，希望他们继续这么干下去！

# 最会伪装的害虫——竹节虫

**ZUIHUI WEIZHUANG DE HAICHONG—ZHUJIECHONG**

**夏**季天气太热了，到竹林里凉快一下吧。嘿，这段竹枝翠绿翠绿的，真好看。"啪嗒"，竹枝竟然掉下来了！这是怎么回事？只是用手指轻轻碰了它一下而已呀。原来，那不是竹枝，而是竹节虫。

▲竹节虫

## 纤细的身材

竹节虫是中大型昆虫，身体细长，有分节，体长 1～3 厘米，最长的可达 26 厘米；体色多为绿色或褐色；头小小的，略扁；丝状的触角总是向前伸直；6 条腿细细长长的，似乎一碰就断，却能牢牢抓住树枝；前翅革质，后翅膜质，某些种类没有翅膀或者退化得只有 1 对翅。并不是所有的竹节虫都有纤细的身材，少部分竹节虫的身体是宽扁状的，腿也是宽宽扁扁的，看起来像被碾压过似的。

竹节虫的长相与树枝相似，尤其像竹枝。它们将 6 条腿紧紧靠在身体两侧时，就跟竹枝没什么两样。"竹节虫"的名字便由此而来。

### 伪装大师

竹节虫很会模仿植物形态，其体色还会随着光线、湿度、温度的变化而变化。白天，它们一动不动地躲在树叶上休息，还将自己的体色调节成绿色；夜晚，天色变暗，气温降低，竹节虫就将体色调节成黑褐色，然后小心翼翼地去觅食。

竹节虫胆子特别小，即使有了能变色的"外衣"，它们还是担心被鸟类、蜘蛛等吃掉。于是，它们又给自己配备了"闪光弹"。当竹节虫受惊飞起时，会瞬间释放耀眼的彩光，迷惑天敌。当天敌反应过来的时候，它们已经收拢翅膀，逃到安全的地方了。实在逃不掉，竹节虫还会掉落在地上装死。

因为具有高超的伪装本领，竹节虫得到了很多人的热情赞美。但它们根本不配得到人类的赞美，因为它们是著名的森林害虫，总是趁着黑夜降临的时候啃食树叶。很多树木因此变得枝叶凋零，伤痕累累。

### 没有爸爸

大部分竹节虫没有爸爸，只有妈妈，这是为什么呢？因为在整个竹节虫家族中，雄性竹节虫数量较少，雌性竹节虫数量较多，雄性没办法和每一个雌性交配。于是，雌性竹节虫就进化出自己产卵的本事。不过，没有和雄性交配过的雌性竹节虫，产出的卵也多发育为雌虫。

# 会移动的"叶子"——叶子虫

竹节虫刚获得"伪装大师"的美誉，正得意呢，肚子却"咕咕咕"地叫了起来。"得找点儿吃的去。"竹节虫一边嘟囔着，一边出了门。它刚走到大门口，就见到树枝上有一片绿油油的叶子，看起来很好吃的样子。竹节虫刚一张嘴，叶子竟然跑了！不要怀疑，"叶子"确实是跑了，因为那是一只叶子虫！

▶叶子虫

## 强中自有强中手

"伪装大师"竹节虫根本分辨不出叶子与叶子虫的区别，不禁十分惭愧，跑回家反思去了。这件事令名不见经传的叶子虫名声大噪，成为昆虫界风头正盛的"伪装高手"。

叶子虫属于中大型昆虫，身体扁平，穿着绿色或褐色的"外衣"；翅膀退化严重，几乎不会飞行，只能靠6条腿奔跑。它们多生活在温暖的树林里，在我国福建和南沙群岛可采集到。叶子虫休息时，将腿收拢在腹部下方，用长且宽的前翅严严实实地盖住后翅。前翅脉络纹理与叶脉几乎一模一样，看起来就像是一片叶子。而

且，前翅上还有浅褐色的斑点，如同枯黄的叶斑，这使叶子虫与真实的树叶更加相似了。微风吹来时，叶子虫还会轻轻抖动几下身体，模仿叶子被风吹动的姿态。它们可真是一群聪明的小家伙！

不仅叶子虫成虫具有伪装天赋，它们的卵也是伪装高手。一粒一粒的卵如同褐色的种子，散落在地面上，并在地面上孵化。幼虫出生后，白天躲藏起来，晚上出来觅食。

## 受保护的害虫

叶子虫专门吸食树液，属于森林害虫。但无论是在古代还是在现代，人们对叶子虫都既往不咎，甚至实行保护政策。

关于叶子虫，古人认为：叶子虫跨越了动物、植物两界，具有灵性，所以"勿惊、勿扰，更不可捕杀"。

到了现代，由于森林砍伐、山地开发等人类活动，叶子虫的生存环境遭到了严重破坏，种群规模也急剧缩小。近些年来，人们已经很难见到成群的叶子虫了，只能偶尔发现一两只。

看来，叶子虫虽为害虫，但也是生物链中的一环，我们应该采取适当的保护措施，保证它们的种群正常发展。

### 你知道吗

我们对害虫也不能赶尽杀绝，因为很多益虫和鸟类等，都是靠捕食害虫来生存的。所以我们在与害虫进行斗争时，应该注意保护害虫的天敌，尽可能多地消灭害虫，但注意留下部分害虫作为天敌的饲料。这样人类才能与自然和谐相处。

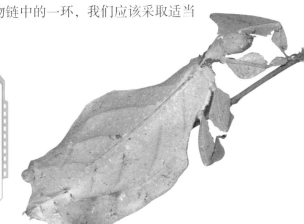

# 打不死的"小强"——蟑螂

"小强"是蟑螂的代名词。随着时间的推移,"小强"已经衍生出"坚强""打不死""不屈不挠"等含义,与关汉卿笔下那"响当当一粒铜豌豆"有异曲同工之妙。那么,蟑螂究竟有哪些特点呢?

## 蟑螂简介

蟑螂又叫偷油婆、黄婆娘等,中等大小,身体扁平,呈黑褐色。蟑螂的头小巧而灵活,长长的触角呈丝状,2只圆鼓鼓的复眼炯炯有神。蟑螂的翅膀很大,几乎裹住了整个背部,但蟑螂并不擅长飞行,一般只能迅速地跑;某些种类的蟑螂没有翅膀。

## 打不死的"小强"

蟑螂是地球上最古老的生物之一,曾与恐龙生活在同一时代。它们的生命力非常顽强,在极端恶劣的环境中也能生活得游刃有余。有生物学家推测:假如有一天发生了全球核战,其他生物消失殆尽,蟑螂也能存活下来。因为蟑螂能承受超强的核辐射量。

## 四大害虫之一

有人烟的地方,就有蟑螂的身影。它们白天躲在缝隙里,夜晚跑出来大肆

◀蟑螂

破坏,面包、米饭、书籍、棉衣、皮革、油脂等,只要能咬得动的物体,它们都不放过。如果人们吃了蟑螂咬过的食物,很可能感染疾病。如今,蟑螂这种"移动病源"已经被列为"四大害虫"之一了。

# 植物杀手——蚜虫

**现**在要声讨的害虫是蚜虫。七星瓢虫已经怒气冲冲地准备进攻了，但是一向受人尊敬的蚂蚁却马上出来劝阻，还为蚜虫说好话。这是为什么呢?

##  被蚂蚁保护的丑八怪

蚜虫主要生活在温带和亚热带地区。它们长成这个样子：身体又小又软；触角有4～6节；翅膀有2对，有的没有翅膀；腹部有1对管状的腹管，用以排出可迅速硬化的防御液，腹部的基部粗，越向上越细；表皮光滑，上有斑纹；体毛尖锐。别看蚜虫无论心灵还是外表都那么丑，它们还有自己的"保镖"呢！它们的"保镖"就是蚂蚁，因为蚂蚁贪图蚜虫分泌的含糖分的蜜露。

▲蚜虫

## 植物间的瘟神

蚜虫是粮、棉、油、麻、茶、烟草和果树等经济作物的害虫。在寻找寄主植物的过程中，它们要反复转移尝食，也借此传播了许多种植物病毒。同时，它们分泌出的一种透明黏稠物，能阻滞叶片等的生理活动。更为严重的是，它们常以群集的方式来伤害嫩叶、嫩枝和花蕾，吸吮其汁液，严重时会导致植株枯萎、死亡。

### 你知道吗

蚜虫繁殖得很快，一年就能繁殖10～30个世代，为世代重叠的大家族。只要连续5天的平均气温稳定上升到12℃以上时，它们便开始繁殖。在早春和晚秋，由于气温较低，它们需10天完成1个世代；而在温度较高的夏季，它们完成1个世代只需4～5天。

# 昆虫"掘土机"——蝼蛄

在我国东北农村，孩子们最喜欢这样一种玩具：这种玩具会飞，会跑，会叫，还会掘土挖洞。孩子们和这种玩具玩上一天也乐此不疲。不过，有时候小孩子也会被玩具弄哭，因为玩具的前足强劲有力、足尖锋利，能轻易刺破小孩子娇嫩的皮肤。

究竟是什么玩具让孩子们又爱又恨呢？

▲蝼蛄

## 昆虫"掘土机"

孩子们又爱又恨的玩具其实是一种昆虫，学名蝼蛄，又叫土狗、蝲蝲蛄，是一种大型昆虫，属直翅目。其身体呈圆柱状，黑褐色，全身披有绒状细毛，头部尖，触角短，前翅短。

蝼蛄生活在地下的洞穴中。它们的洞穴全靠强有力的前足来挖掘。蝼蛄的前足又粗又短，呈三角状，足尖如同利刺，非常适合挖掘；内侧有一条裂缝，是蝼蛄的"耳朵"。蝼蛄的"耳朵"很厉害，能通过地面的震动"听"到外界的情况，一旦"听"到危险临近，它们就会溜之大吉。

蝼蛄是不完全变态昆虫，多在夜间活动，白天偶尔出现，喜欢生活在沿河、池塘、沟渠附近。成虫与若虫都会游泳。雄性蝼蛄摩擦翅膀，能发出"唧唧"的鸣声；雌性蝼蛄不会发声。

### 千奇百怪

在南美茂盛的热带雨林里，生活着许多色彩斑斓的毛毛虫。毛毛虫身上长了很多带毒的毛刺。碰触这些毒毛刺可不是明智之举，如果毛刺扎进人的肌肤，伤者就要饱受疼痛折磨。所以很多捕食者即使看到了这些彩色的猎物，也不敢去捕捉。

## 母爱如山

很多昆虫妈妈产下卵之后，就只顾自己玩乐，根本不管孩子。蝼蛄妈妈可不是这样的，它们很会照顾孩子。

蝼蛄妈妈一生能产下 80 ～ 800 粒卵。每次产卵前，它们都要挖掘出一个专门的卵室；产卵后，它们还会用杂草堵住卵室门口，并细心打理杂草，保证卵室内气流畅通。有的蝼蛄妈妈担心若虫出生后没有食物，还会在卵室周围储存一些植物根茎。

在蝼蛄妈妈打造的温馨卵室内，乳白色的卵开始了孵化生涯。

## 蝼蛄的危害

蝼蛄喜欢挖洞。在挖洞的过程中，它们会毫不犹豫地清除障碍。如果是新播种的种子，它们会将其啃食得残缺不全，致使种子无法发芽；如果是幼苗，它们会咬断嫩茎，致使幼苗根部透风，与土壤分离，最后因缺水干枯而死；如果是成熟植物，它们就将植物的根咬成丝状，致使植物无法吸收营养，发育不良。

目前，人类已采用农业防治、灯光诱杀、人工捕杀和药剂防治等手段来防治蝼蛄。

▶ 被蝼蛄破坏的植物的根

# 勇敢的角斗士——蟋蟀

蟋蟀也是孩子们比较喜欢的一种昆虫。我们到野外捉来两只雄蟋蟀，放在一个小罐子里，拿一根牛筋草撩拨儿下，两只蟋蟀就斗志昂扬，欲与对方大战三百回合。只见它们竖翅鸣叫一番，然后冲向对方，杀招百出，直到一方落败为止。战斗结束后，胜利者得意扬扬，失败者遍体鳞伤，甚至死亡。

## 威风凛凛的大将军

　　蟋蟀又叫蛐蛐儿、促织、将军虫等，是直翅目昆虫，属不完全变态昆虫。其体型多为中小型，少数为大型；体色不一，为黄褐色或黑褐色；头部圆圆的，胸部宽厚，2条长长的丝状触角高翘着；口器为咀嚼式，是它们战斗时的重要武器；前足和中足模样相似，长度相等，后足发达，具有很强的跳跃能力；尾部略尖，并长有2根尾须，与触角遥相呼应。从外形上看，蟋蟀就像一位身披铠甲、孔武有力的将军。

　　蟋蟀的"耳朵"和蝼蛄的一样，也长在前足上。如果没有了前足，蟋蟀就会变成"聋子"，"听"不见外界的声音，也感受不到即将到来的危险。

蟋蟀是著名的农业害虫，平时待在草丛里、砖石下或者土穴中，破坏植物的根、茎、叶、果实等。它们往往一口咬断刚出土的幼苗，造成缺苗断垄。花生、玉米、大豆、棉花、烟草、木薯等作物都深受其害。

## 蟋蟀的鸣声

夏季的夜晚在室外乘凉，我们经常能听见悦耳的蟋蟀鸣声，那是它们在唱歌。到了微凉的秋天，我们又会在室内听见蟋蟀的歌声，原来它们知道天气变冷了，要找个温暖的窝呢。

很多人都以为蟋蟀有一副好嗓子，其实不然。蟋蟀的嘴巴根本不会发声，它们"唱歌"全靠前翅的左右摩擦。雄性蟋蟀的2个前翅上各有1个发音器，由翅脉上的刮片、摩擦脉、发音镜组成。雌性蟋蟀不会发声。

仔细聆听，你会发现蟋蟀的鸣声很有意思。你知道吗？蟋蟀鸣声的不同音调、频率表达了不同的内容。

响亮而长时间的鸣声，是对其他同性的警告，也是在呼唤异性，仿佛在说："男生走开，这是我的领地！女生过来，这是我们的爱巢！"

威严而急促的鸣声，是对贸然闯入的同性发出的"严厉通牒"，如果对方不识抬举，那一场入侵与反入侵的战争就会打响。

# "大明星"——纺织娘

**66** 织织织，织织织，该织布了！"每年夏秋季节的夜晚，纺织娘都在田间"织织织"地叫着。它们发出的声音与织布机织布的声音很相似，所以人们给它们起了这个形象的名字——纺织娘。

## 消瘦精干的身材

纺织娘又叫络丝娘、筒管娘，名字听起来像女子，可它们长得一点儿也没有女子的丰润姿态，反倒是一副干瘦的模样。纺织娘喜欢生活在菜园、庄稼地、野外草丛、森林等处，属于大型昆虫。身体细长，体长 5 ~ 7 厘米，披着绿色或黄褐色的"外衣"；前胸背侧片基部多为黑色；前翅发达，长度一般是腹部的 2 倍，休息时呈"山"形覆于背部；细长的丝状触角如同京剧中的翎子，顶在小小的脑袋上；后足长且发达，弹跳力强。

## 可供玩赏的鸣虫

鸣虫是指叫声响亮、动听，可供玩赏的昆虫。纺织娘就是一种重要的鸣虫。夏秋季节，很多昆虫爱好者都到野外去寻找纺织娘。不过，你可一定要分清它们的性

▼纺织娘

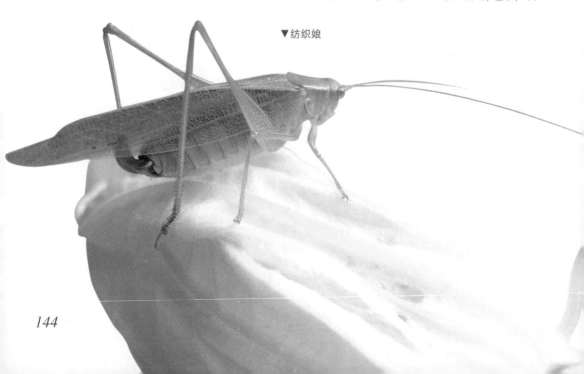

别，因为雄性纺织娘的前翅上有透明的发音器，能发声；而雌性纺织娘没有发音器，不能发声。区分纺织娘的性别，最直接的办法就是观察它们的肚子，有弧形上翘产卵器的是雌虫，没有产卵器的是雄虫。

昆虫爱好者还根据体色不同，给纺织娘取了不同的名字：紫红色的叫"红纱娘"，淡绿色的叫"翠纱娘"，深绿色的叫"绿纱娘"，枯黄色的叫"黄纱婆"，等等。

## 会隐藏的害虫

纺织娘是植食性昆虫，喜欢吃南瓜、丝瓜的花瓣，也吃桑树、核桃树、杨树、柿子树等的叶子，具有一定的危害性。

有时候，我们想捉住它们，"为民除害"，却很难发现它们的身影。原来，纺织娘是夜行性昆虫，白天藏在与自己体色相近的植物上，一动不动。我们不仔细观察就很难发现它们。待到繁星满天时，捉虫的人都回家睡觉了，它们才跑出来觅食、鸣叫。

纺织娘非常谨慎，刚感觉到一丁点儿危险，就会利用那双健壮有力的后腿，带动身体向高处跃起，再向远处跳去。它机敏的反应能力和良好的弹跳能力，更为人们的捉虫工作带来不便。

# 跳高健将——跳蚤

▶▶ TIAOGAO JIANJIANG—TIAOZAO

❝我跳上跳下，蹦蹦跳跳不停歇。哪里有血，哪里就有我……"跳蚤一边哼着歌，一边在人类或其他哺乳动物的皮肤上肆意蹦跳，跳累了，就开始吸血，真是讨厌死了！

## 穿着硬甲的跳高能手

　　跳蚤是一种寄生性昆虫，属于完全变态昆虫，以哺乳动物的血液为食。人类和猫、狗、鼠等都是其理想的寄主。跳蚤体形很小，略呈椭圆形，头尾光滑，没有翅膀，没有颈部，触角短粗，浑身布满倒长着的硬毛。

　　跳蚤的外壳很坚硬，两根手指头都捏不碎，必须得用坚硬的指甲才行。

　　跳蚤的后腿强壮有力，像弹簧似的，能带动身体跃起很高。如果人有这样的本领的话，就可以一下子跳过一个足球场。

◀跳蚤扁而弓的身体有极佳的抗压能力

## 制造瘙痒的罪魁祸首

跳蚤在吸食血液时分泌出的物质对哺乳动物的刺激较大，可导致皮肤瘙痒，严重的会诱发季节性湿疹。我们经常见到小猫或小狗用爪子在身上左抓抓，右抓抓，那就是在挠痒痒呢。

跳蚤不仅制造瘙痒，还可能导致鼠疫。鼠疫是烈性传染病，其发生原因大多是跳蚤在老鼠身上吸血时，染上了鼠疫杆菌，然后它们又到人身上吸血，造成鼠疫杆菌随着跳蚤的唾液等传播给人类。

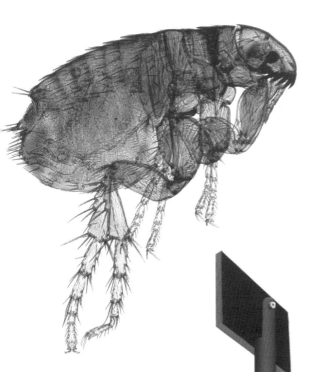

▲不洁的环境容易滋生跳蚤

. 千奇百怪 .

我们能从蟋蟀的鸣叫声中知道气温的高低。

雪地爬虫是少数几种能在0℃以下生存的虫子。如果你捡起一只雪地爬虫，你的体温可能会把它煮沸。

石油对很多动物来说都是有毒的。可在洛杉矶的拉不雷亚沥青坑等地方，有一种石油蝇却能在石油中生存，而且即使吞下原油也不会生病。

昆虫百科全书
KUNCHONG BAIKE QUANSHU >>>

# 传播病菌的害虫——白蛉

CHUANBO BINGJUN DE HAICHONG—BAILING

"嗡嗡嗡，嗡嗡嗡"，夏日的夜晚，可恶的蚊虫总是飞来飞去，想要叮人，一旦被叮了人身上就会留下一个红肿的包，瘙痒难耐，非常不舒服。但大家知道吗？这些叮人的虫子，并不都是蚊子，还有一些叫白蛉的飞虫。

◀白蛉

## 白蛉长得什么样

白蛉之所以被当成蚊子，不是没有原因的。白蛉在外形上确实和蚊子比较相似，加上它们都爱吸血，所以大多数时候都被误当成蚊子。那白蛉究竟长什么样呢？它有一个呈球形的脑袋，脑袋两侧的复眼又大又黑，还有节状的细长触角。后背长着一双带有纹路的膜质翅膀，浑身上下都长着细毛，成虫身体颜色为黄白色或灰白色。它们的个头儿都很小，只有蚊子的一半大，成虫身长只有1.5～4毫米。

## 幼虫生活在土壤中

白蛉的各期幼虫都生活在距地面10～12厘米的泥土中。幼虫的适应能力很强，对土壤要求很低，通常情况下，只要是温度和湿度都适宜、土质疏松、富含有机物的隐蔽场所都可以。例如，人类的房屋、家畜的圈舍、厕所、窑洞、墙缝等处，均适于白蛉幼虫生长。白蛉幼虫抗寒能力较强，就算是很冷的冬天，它们躲在地底下也能安然度过。

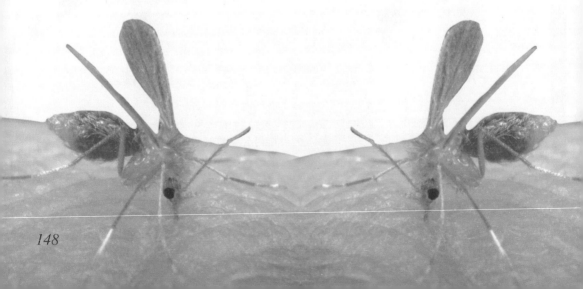

## 白蛉的一辈子

白蛉是一种完全变态的昆虫，一生分为卵、幼虫、蛹、成虫4个阶段。一生只交配一次，交配后3～5天雌蛉开始产卵，一生产卵50粒左右，产卵前必须吸血一次，否则卵不能发育。雄蛉不吸血，以植物的叶汁为食，雌蛉多在黄昏至翌日清晨吸吮人血，白天躲在光线不足、空气不流通和室内外阴暗无风的场所。活动范围不大，多在栖息场所的墙面上作短距离跳跃式飞行。雄蛉交配后不久即死亡，雌蛉可活2～3周。

## 传播多种疾病

白蛉是害虫，叮人的时候，先把头部的口器刺入人或动物的皮肤以吸吮血液，被叮咬后有人毫无反应，有人则感到微痒或剧痒，局部出现红色肿块。它们还能传播多种疾病，例如利什曼病、白蛉热和巴尔通病。

对于害虫，我们当然要除掉它们。因为白蛉活动范围小，飞行能力弱，所以可以将用药物杀灭成虫作为主要的防治措施。杀灭成虫的药剂有溴氰菊酯、氯氰菊酯和马拉硫磷等，可以进行室内滞留喷洒，也可用敌敌畏熏杀。环境治理措施包括保持室内、畜舍及禽圈卫生，清除周围环境内的垃圾，以消除白蛉滋生地。

# 飞舞的讨厌鬼——蠓

夏天的傍晚，如果路过草丛或者水洼的旁边，经常能看到一团细小的黑色虫子在半空中飞舞不休，这些就是蠓，俗称"小咬"，是一种非常讨人厌的害虫。

## 最小的吸血虫

蠓是人类已知的身体最小的吸血昆虫，究竟有多小呢？最小的只有1毫米长。蠓全身呈黑色或褐色，头部呈球形，有一对发达的复眼，两条丝状触角，一般为15节。它的口器为刺吸式的；翅膀膜质，又短又宽，有斑点花纹；足部细长。

蠓类昆虫种类繁多，全世界已知4000种左右，我国有近600种，可见其家族的庞大。

## 吸血有偏好

和蚊子相同，只有雌性的蠓才吸血，雄蠓以吸食植物汁液为生。值得一提的是，雌蠓还非常挑食。有些种类的雌蠓喜欢吸食人血，有的则偏爱禽类，还有的喜欢牛马等牲畜的血。蠓并不是所有时间都吸血，绝大多数种类的蠓把吃饭的时间安排在黎明和黄昏，就好像我们早上起来要吃早饭，晚上要吃晚饭一样。值得庆幸的是，还好它们不吃午饭，否则我们就连中午也会被叮咬了。

▼毛蠓

## 滋生在阴暗潮湿处

蠓是完全变态的昆虫，一生包括卵、幼虫、蛹和成虫4个阶段。因种类、气候和环境不同，有的种类可繁殖1～2代，也有的可繁殖3～4代。由于蠓卵在干燥环境中极易干瘪而不能孵化，所以，雌蠓将卵产在湿润的场所，孵化之后的幼虫会生活在荷花田、稻田、水塘、水沟、树洞等处的积水中，有的生活在腐败有机物或被粪便污染的土中、腐败的树叶中。一般在急流、干燥和日光曝晒处无蠓滋生。幼虫在水中的活动轨迹类似蛇形。当其在水面受惊动后，会立即沉入水底，钻入泥中。大约经过一个月的时间，幼虫会钻进泥土里化蛹，再经过7天左右羽化成蠓。

## 长得小，危害大

别看蠓长得小，但它们对人类的危害却相当大。蠓吸食人血，被刺叮处常有局部反应和奇痒，甚至会引起全身过敏反应，更主要的是蠓能传播多种疾病。但因为蠓种类多、数量大、滋生地广，要全面消灭其滋生环境比较困难。因此，必须结合实际情况和具体条件进行综合防治。改善环境卫生，消除蠓滋生条件，消灭蠓的滋生场所，同时采取物理或化学的防治方法杀灭蠓的成虫和幼虫，可以取得较好的防治效果。

# 凶狠的吸血虫——蚋

▶▶ XIONGHEN DE XIXUE CHONG—RUI

在吸血虫家族中，有的纤细柔弱，例如蚊子；有的体形较小，例如蠓。我们接下来要介绍的这种昆虫，也是吸血虫家族中的一员，不过它们却以吸血凶狠出名。它们就是臭名昭著的驼背吸血虫——蚋。

## 长得黑，又驼背

蚋还有一个别称叫"黑蝇"，从名字中我们就能推测出它们的身体一定是黑色的。确实是这样，大多数的蚋都呈黑色，也有一些是褐色的。蚋属于昆虫纲双翅目，成虫体长 1~5 毫米，头很小，加上浑身乌黑，远远看上去就像一粒黑芝麻。蚋的小脑袋上有 1 对又短又粗的触角，复眼明显，胸背隆起，看起来就像驼背一样。

全世界已知的蚋约有 1000 多种，主要分布在北温带地区，我国发现 200 多种，主要出现在东北林区。

## 蚋的一生

蚋同其他双翅目昆虫一样，一生会经历卵、幼虫、蛹、成虫 4 个阶段。因为要把卵产在水中，所以蚋最常出现的地方就是水边。因为生命短暂，所以成年的蚋必须抓紧时间为繁衍后代作准备。雄蚋和雌蚋交配之后，雄蚋很快就死了。剩下的蚋妈妈要独自抚养孩子。对于肚子里已经怀了虫卵的蚋妈妈来说，最为紧要的事就是吸血，因为如果不吸血的话，肚子里的卵就无法发育。所以这个时期的雌蚋是最疯狂的，围绕着人类和牲畜飞舞，抓到机会，就扑上去狠狠地叮咬，疯狂吸血，直到肚子都撑得圆滚滚的才肯罢休。蚋妈妈成功吸血之后，就会到河边或者小溪边，把卵产进水中。

蚋的卵呈圆三角形，外

边呈淡黄色，很小，通常几百枚聚在一起。在温暖的季节，卵大约5天就会孵化。变成幼虫的蚋会在水中生活3～10周，然后结成蛹，经过1～4星期后羽化。这就是蚋的一生。

## 幼虫只能生活在流水中

与白蛉和蠓不同，蚋的幼虫既不生活在泥土中，也不生活在死水中。相对来说，蚋还比较爱干净，因为它们的幼虫必须在氧气充足的流动清水内才能生活，若在死水中则很快死亡。为了避免被流水冲走，幼虫的身体会分泌出一种带有黏性的细丝把自己黏在栖地附处。幼虫生活在水中，以水中的微生物为食，直到结蛹羽化之后才飞到空中生活。

## 飞行能力强

蚋飞行能力很强，在室外活动，很少进入室内。雄蚋不吸血，以植物的叶汁为食，雌蚋吸食人、牲畜及鸟类的血液。它们在白天吸吮血液，日出、日落是它们活动的高峰期，进入夜间则静止不动。

蚋

昆虫百科全书
KUNCHONG BAIKE QUANSHU >>>

# 裹着面粉的害虫——粉虱

▶▶ GUOZHE MIANFEN DE HAICHONG—FENSHI

**每**年的9月，在长江以南的一些地区，若是阳光和煦、微风习习，人们总会在空气中看到三五成群的白色小虫，它们就是粉虱，是一种对农作物危害很大的害虫。

▼粉虱

### 身上沾满"面粉"

粉虱是同翅目下的一种昆虫，全世界分布，约有1000多种。在昆虫王国中，它们的身体娇小，就算是成虫，体长也不到4毫米。它们的外形像小蛾子，身上沾满了面粉状的细小颗粒，就好像刚刚从面粉口袋里爬出来一样。它们的名字也是由此而来。

粉虱是过渐变态昆虫，一生经历卵、若虫、成虫3个阶段。粉虱的雌雄成虫都长有翅膀，雌虫产的卵具有卵柄，可以把卵柄插在植物叶片的背部，这样卵就能附着在植物身上，植物的水分也会通过卵柄进入卵内。一段时间后，卵孵化，若虫从里面爬出来。这个时候的若虫有触角和足，能爬行，它们会选择一处自己喜欢的地方，然后就牢牢地挂在那里，把嘴巴插进植物组织内，吸食汁液。几天后，若虫变成拟蛹，努力地退去若虫的样子，变成成虫。这个时候它们的翅膀还未发育完全，所以不能飞，不过却能够很敏捷地爬行，等翅膀发育完全后，它们就飞走了。

### 繁殖能力强

粉虱的繁殖能力很强，它们喜欢温暖的环境，

温度越是适宜，它们的繁殖能力就越强，生长周期也会变短。一年可以世代更迭几十次，在北方的温室中，大约 30 天就能完成一个世代，雌虫一次能产卵几百枚。

## 危害性大

　　因为粉虱的繁殖能力强，所以它们对农业的危害也非常大。国际上的一些农业组织已经把它们列为危害最大的入侵物种之一，它们对许多农作物都能造成毁灭性的危害。粉虱的食谱很广泛，几乎什么植物都吃，瓜类作物、茄科作物、十字花科作物、豆科作物等都是它们喜欢吃的美食。若虫通常一群一群地聚集在叶片的背面，疯狂地吸食植物体内的汁液，被残害的叶片会出现黄白斑点，严重时会变白掉落，严重影响植物的生长。

　　不过粉虱成虫有个弱点，它们一看到黄色，特别是橙色的东西就会被牢牢地吸引住，无论怎样都无法逃开，所以在出现粉虱的农田里，可以放置黄板诱杀成虫。

# 臭名远扬的家伙——臭虫

**如**果在昆虫王国中找出一些被人讨厌或者憎恨的害虫，臭虫绝对会和蚊子苍蝇一起进入前三甲，说不定还会成为冠军的有力争夺者。臭虫为什么如此惹人厌呢？因为它们既臭又咬人。

### 群居生活

臭虫之所以名字里面有个"臭"字，就是因为

▲臭虫

它们的身体上有一对能分泌臭味的腺体，凡是它们爬过的地方都会留下难闻的臭味。成年的臭虫体长4～5毫米，身体扁宽，有6条腿，2条触须，双翅退化成鳞状，全身呈红褐色。臭虫一般过群居生活，因此在适宜隐匿的场所常常发现有大批臭虫聚集。不论是幼虫，或是雌雄成虫，它们都会在晚上偷偷爬出来，凭借刺吸式的口器吸食人血；在找不到人血时，也吸食家兔、白鼠和鸡的血。

几乎在世界各地都能发现臭虫的身影，据统计，已知的臭虫大约有70多种，与人类有寄生关系的仅有温带臭虫和热带臭虫两个家栖种类。在我国这两种臭虫的分布以长江为界，热带臭虫主要见于长江以南，温带臭虫则在全国均有分布，但以江北地区为主。

## 夜间活动，狡猾机警

臭虫是"夜猫子"，因为怕光，所以通常只在夜间活动。

臭虫吸血很快，几分钟内就能吸饱，而且非常狡猾机警。它们不像蚊子那样在人类清醒的时候去叮咬，而是等人类睡熟之后才开始吸血。臭虫咬人时先将毒素注入人体体内，让人麻醉，等其吃饱喝足躲藏起来后，毒性才发作。等人们皮肤发痒时，它们早已经逃之夭夭了。说它们机警是因为，一旦在吸血过程中，人体稍有移动，它们就会立刻停止吸血，爬走或隐藏。

## 生命力非常顽强

臭虫的发育过程为渐变态的，即一生包括卵、若虫和成虫 3 个阶段，其中若虫有 5 个龄期。它们一般在狭窄的缝隙中栖息，多见于床板、褥垫、箱缝、墙隙或墙纸的褶缝中，在卫生条件差的交通工具上和公共场所的桌椅缝隙中亦有滋生。

臭虫能够在世界各地生存，这与它们强悍的生命力是分不开的。臭虫可以在一个相当广泛的温度范围里存活，而且能忍饥挨饿，臭虫的幼虫就算得不到血食，也能活 30 天以上，成虫得不到血食，通常可活六七个月。

# 水中小霸王——田鳖

**有**一种昆虫，它们长得很大，外表凶恶，生活在水中，如果你赤脚从它们身边走过，它们就会朝着你的脚趾狠狠地咬一口。被咬之后非常痛，可当你惨叫一声跳起来的时候，咬人的家伙已经逃跑了。它们就是田鳖，绰号"水中小霸王"。

## 咬脚趾的昆虫

田鳖又名"大水虫"，或者"咬趾虫"。在昆虫王国中，田鳖是"巨人"。普通的田鳖都能长到6厘米左右长，有些特别大的田鳖，体长甚至能达到10多厘米。田鳖的身体又扁又阔，呈椭圆形，灰褐色，有一张又短又有力的嘴，腿粗，前肢非常强壮，呈镰刀状。它们的头很小，呈三角形，触角也小。

## 喜欢生活在水中

▼田鳖

田鳖属于半翅目、田鳖科，是非常常见的水生昆虫，不过很少出现在北方，生活在我国南方及东南亚等地。你可能要问了，田鳖生活在水中难道不会窒息而死吗？不用担心，它们的腹部长有一种可以在水中呼吸的呼吸管，像鱼鳃一样能够从水中吸收到氧气。田鳖非常喜欢栖息在池沼、稻田、鱼塘中，习惯于生活在水质变化小的、坑、沟、湖、塘中。它们喜欢光亮，傍晚太阳落山后，它们就会向有光的水域靠近。田鳖从夏季到秋季都生活在水中，但有时也会到陆地上过冬，常藏身在水边的草丛之中。值得一提的是，田鳖还能飞翔，它们薄膜般的翅膀藏在后翅的硬壳之下，有时晚上它们会跃出水面，飞到空中，去寻找更好的栖息地。

## 性格凶猛，水中霸王

　　田鳖是非常凶猛的捕食者，以小鱼、小虫、虾、蛙类、蝌蚪为捕食对象。常用伏击的办法捕捉猎物，它们往往抓住水草，伪装成无害的残叶，或者顶着一枚水底的枯叶，静静地等待猎物上钩。发现猎物接近后，它们不会贸然发动进攻，而是等到猎物进入自己有效的攻击范围内，接着以迅雷不及掩耳之势冲出，用镰刀一般的前肢压住猎物，狠狠地把嘴刺进猎物的体内，接着快速向猎物体内注射一种可以溶解组织的酶，然后疯狂地吸食液化后的组织。不久之后，猎物就变成一具空壳了。

　　田鳖不仅能捕食小鱼、小虾，甚至都能捕食比它身体大很多的鱼。

# 披甲的害虫——介壳虫

PIJIA DE HAICHONG—JIEKECHONG

**古**代，参加战争的士兵都在身上穿着铠甲，这样可以避免被敌军的弓箭射。在昆虫王国中有一种虫子也喜欢披着一身蜡质的铠甲，它们就是介壳虫。

 **作物破坏者**

介壳虫是同翅目昆虫，雌虫无翅，足和触角均退化；雄虫有一对柔翅，足和触角发达，口器为刺吸式。它的体外被有蜡质介壳，卵通常埋在蜡丝块中、雌体下或雌虫分泌的介壳下。

介壳虫和菜蚜一样是侵害农作物的害虫，不过相对菜蚜喜欢蔬菜来说，介壳虫更偏爱树木。它们通常寄生在松树、相思树、竹子等植物上，柑橘和柚子树是它们最喜欢吃的树木。

介壳虫的嘴像针管一样，刺进植物的枝条或者叶片内，然后疯狂地吸食植物体内的汁液，破坏植物组织，引起组织褪色、死亡；

▲介壳虫

它们还能分泌一些特殊物质，使植物局部组织畸形或形成瘿瘤；有些种类还是传播植物病毒的重要媒介。介壳虫对植物危害非常严重，特别是当它们大量出现时，密密麻麻地趴在叶片上，严重影响植物的呼吸和光合作用。有些种类还排泄"蜜露"，诱发黑霉病，危害很大。

**混乱的繁殖方法**

介壳虫雌虫和雄虫的发育过程不同，雌虫经历卵、若虫、成虫3个阶段；而雄虫在若虫阶段多经历一个"拟蛹"龄期。为什么雄虫要比雌虫多1个龄期呢？这是因为雄虫比雌虫多一对翅膀。

介壳虫的不同种类间，繁殖能力有高有低，有的种

类一次产卵数千枚，有的则最多只能产几百枚。介壳虫的产卵方式很独特。盾介产卵于介壳下，随着产卵，虫体向介壳头端收缩，腾出空间用于贮存卵；蜡介则产卵于身体下面，随着产卵腹面体壁逐渐向内凹陷，空出位置贮存卵。

另外值得一提的是，介壳虫的繁殖方式比较奇怪。如梨圆介在产卵过程中，由于卵的发育速度较快，在母体的输卵管中就已经孵出，因而母体产下的是若虫，这种生育方式被称为卵胎生。多数介壳虫产的卵须经1～2周方能孵化。

## 天敌多

介壳虫对农作物危害很大，不过好在它们的天敌也很多，大多数的捕食性昆虫都是它们的天敌。天敌一多，它们的数量就会受到控制，它们的危害就被间接地抑制了。

### 你知道吗

介壳虫非常懒，很少挪动，它们从一进食开始，就把它们的嘴刺进树木的叶片或枝条里，然后一直都不拔出来。

# 树木破坏者——木虱

**果**园中，梨树和桃树正在聊天儿。梨树说："听说了吗？隔壁的果园中好多兄弟姐妹都生病了。"桃树很惊讶，问："它们怎么了？病得严重吗？"梨树叹了口气："还不是因为可恶的木虱，希望那些可恶的家伙不要到我们这边来。"

 ## 酷似蝉，善跳跃

木虱是同翅目下木虱科昆虫，全世界有近2000种。木虱身体很娇小，大约只有针头大小。样子长得酷似缩小版的蝉。木虱头短阔，有1对大大的复眼和3只单眼，很善于跳跃，经常从一片树叶跳到另一片树叶上。它们是渐变态的昆虫，个体发育经历卵、若虫和成虫3个阶段。幼虫喜欢聚在一起进食。

 ## 终生待在树木上的害虫

从名字上我们就能了解到木虱这种昆虫对树木的钟爱。确实如此，木虱几乎从生到死都待在树木上。不同的种类偏好不同的树木。例如，梨木虱只喜欢梨树，而桑木虱则非桑树不待。

▼木虱

木虱是害虫，对树木的危害非常严重。无论是成虫还是幼虫，都会危害树木的嫩枝、树叶等部位。它们有刺入式口器，刺进树木体内贪婪地吸食树木的汁液，造成树木营养不良。除此之外，它们在进食的时候还会分泌出一些黏液，这些黏液不仅会使病菌滋生，也会污染果实。

拿梨木虱来举例。梨木虱在梨树发芽前即开始产卵于枝痕处、叶痕处，发芽展叶期将卵产于幼嫩组织茸毛内、叶缘锯齿间、叶片主脉沟内等处。若虫多群集为害，在果园内及树冠间均为聚集型分布。若虫有分泌胶液的习性，它们在胶液中生活、取食，为害树木。雨季到来，由于梨木虱分泌的胶液招致杂菌，在相对湿度大于 65% 时，会发生霉变，致使叶片产生褐斑并坏死，间接对树木造成严重危害，引起早期落叶。

 **分泌物能吃**

前面我们提到，木虱的幼虫在群集进食的时候，会分泌一种物质，这种物质叫"蜜露"，是木虱消化的副产品。这些蜜露可在叶和枝上形成一层膜，当量累积得较多时，就会像雨滴般从树叶上滴落下来。据说澳大利亚原住民常收集此种蜜露为食，因其既富含营养又健康美味。

# 葡萄的死敌——葡萄天蛾

▲葡萄天蛾的蛹

**葡**萄天蛾的名字中之所以有"葡萄"二字，可不是因为它们跟葡萄关系好，或者长得像葡萄，而是因为葡萄是它们主要的欺负对象。

## 葡萄天蛾的长相

▲葡萄天蛾

听说葡萄天蛾作恶多端，喜欢吃葡萄的小朋友打算去教训这些坏蛋。不过在出发之前，请看清它们的样子，以防伤及无辜。

葡萄天蛾是小胖子，身体又肥又大，呈纺锤形，身体一般是茶褐色的，背面色暗，腹面色淡。背部中央自前胸部到腹端有1条灰白色纵线，复眼后至前翅基部有1条灰白色较宽的纵线。复眼是球形的，暗褐色，长得比较大。触角背侧呈灰白色。

葡萄天蛾的翅膀很有特点。前翅上长了很多横线条纹，一般都是暗茶褐色的，中间那条横线条纹最宽，里面的次之，外面的横线条纹很细并呈波纹状。后翅的边缘是棕褐色的，中间大部分为黑褐色，缘毛色稍红。

## 成长历程

葡萄天蛾最喜欢在傍晚交配。交配一天后，雌性就可以产卵了，一只雌性葡萄天蛾每次产卵 400～500 粒。6～8 天后，幼虫就能孵出来了。幼虫很敏感，如果被碰到了，就会从口器中分泌出绿色液体，好像在说："瞧，我的气味很差，还能喷脏水，你们还是去捉别的虫吃吧。"幼虫十分贪婪，常常聚在一起作恶，严重时，能把葡萄的叶片吃个精光。

9月下旬至10月上旬，天气渐渐凉了，幼虫开始化蛹，蛹是薄网状的，常常黏附在落叶上。幼虫在蛹房子一待就是五六个月，到第二年5月，它们才离开蛹房子，纷纷羽化，成为成虫。

 **灭虫大法**

面对人类的指控，葡萄天蛾显得很无辜，它们说："我们只是在葡萄上休息而已，从不伤害葡萄哇。"大家千万不要上当受骗了，葡萄天蛾不论幼虫还是成虫都昼伏夜出，别看它们白天一个个都安静无害的样子，但是到了晚上，便凶相毕露，大吃特吃。

为了消灭这些坏蛋，生物学家给出了一套科学的防治方法。

首先，挖除越冬蛹。这个行动在冬季埋土和春季松土时，便可以进行。

第二，捕捉幼虫。夏季给葡萄修剪枝条时，可以顺便除虫。

第三，葡萄天蛾的成虫喜欢灯光，大家可以在夜晚利用灯光诱杀。

第四，幼虫易患病毒病，在田间寻找自然死亡的幼虫，取上清夜稀释200倍，制成药水，然后喷洒在葡萄的枝叶上，效果很好。

> **你知道吗**
>
> 为害葡萄的害虫种类很多，常见的有二星叶蝉、斑衣蜡蝉、葡萄虎蛾、葡萄天蛾、葡萄透翅蛾、葡萄虎天牛、葡萄十星叶甲、葡萄锈壁虱、葡萄红蜘蛛、茶黄螨等。其中发生较多、造成危害较重的有二星叶蝉、葡萄锈壁虱和葡萄透翅蛾等。

# 棉花最厌恶的虫——棉铃虫

MIANHUA ZUI YANWU DE CHONG—MIANLINGCHONG

**别**看棉铃虫个子不大、貌不惊人，它的本事可不小。不信，听听这首儿歌："一种虫卵半球显，二代产卵叶正面。产卵分散不集中，孵化幼虫易钻孔。取食作物有多种，防治失时很难控。"

▲棉铃虫

 **长得什么样**

棉铃虫的卵是半球形的，顶部微微隆起，表面布满纵横纹。

幼虫体色多变，主要分4个类型：体色淡红，背部有条纹，气门线白色，毛突黑色；体色黄白，背部线条淡绿色，气门线白色，毛突黄白色；体色淡绿，背部线条不明显，气门线白色，毛突淡绿色；体色深绿，背部线条不太明显，气门线淡黄色。

蛹长17 ~ 21毫米，呈黑褐色。

成虫身体长4 ~ 18毫米，灰褐色。前翅上有褐色环纹及肾形纹；后翅为黄白色或淡褐色，翅尖为褐色或黑色。

 **猖獗的恶棍**

棉铃虫是夜蛾科昆虫，是棉花蕾铃期的大害虫。它们的适应能力很强，只要棉花能生长的地方，它们就能生存。

别看棉铃虫的成虫整天悠闲地吸食花蜜，俨然是传粉劳模。其实，相对它们在幼虫阶段犯下的罪行，现在这点儿善举完全可以忽略不计。古今中外，农民伯伯都

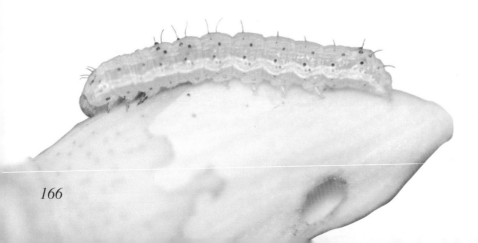

没少被它们欺负。就拿我国来说吧，近年来，棉铃虫十分猖獗，使黄河流域棉区、长江流域棉区受害严重，它们甚至还入侵了新疆棉区。

棉铃虫主要蛀食棉花鲜嫩多汁的部分，所以嫩叶、鲜芽、娇蕾及棉铃等，它们统统不放过。它们喜欢从基部蛀入蕾、铃，在内取食。当这颗棉花吃得差不多时，便会在夜间或清晨转移到其他棉花上。花蕾、嫩叶受害后，会张开、脱落，而棉铃被蛀食后则会腐烂。

需要说明的是，棉铃虫虽然名字中有棉字，但并不是只伤害棉花的，它们的寄主植物有 20 多科，总计 200 余种，除了棉花，它们还伤害玉米、花生、豆类、蔬菜和果树等。

## 灭虫大法

消灭棉铃虫最好的时间是早晨露水干后至 9 时前，这段时间，幼虫大多趴在叶面上，人轻轻摇动苗木，幼虫就会落在地上。

棉铃虫的蛹在地下约 5 ~ 10 厘米的深处，人们可以在冬季松土追肥时将虫蛹翻出来，还可以给土壤浸水，让蛹大量死亡。

棉铃虫天敌很多，如寄生蜂、寄生蝇及一些鸟雀。只要我们保护它们的这些天敌，自然就能很好地消灭棉铃虫了。

# 危害梨树的害虫——梨实蜂

**如**果你在梨园里漫步，会发现梨树上有很多叶子被切掉了，只留下一些受伤的叶柄，导致梨树的部分枝叶光秃秃的，非常丑陋。这是哪个坏蛋干的呢？它为什么要这样做呢？是因为好吃，还是因为好玩儿呢？原来，罪魁祸首就是梨实蜂。

 ## 梨实蜂的特征

梨实蜂属于膜翅目，又叫折梢虫、切芽虫、花钻子等，成虫体长约 5 毫米，翅展 11 ~ 12 毫米，身体呈黑褐色，触角为丝状，翅膀淡黄色且透明，雌虫具有锯状产卵器。梨实蜂的卵呈长椭圆形，白色半透明；幼虫体长 8 毫米左右，头部呈橙黄色或黄色半球形，胸足 3 对，腹足 8 对。蛹为裸蛹，长约 4.5 毫米，宽约 2 毫米，初为白色，后期变为黑色。

梨实蜂喜欢切树叶，梨树上那些被割掉的叶片都是它们切的。这是因为它们在产卵，通常情况下，它们用锯齿状的产卵器割断叶片，然后把产卵器插进断

口里，再把卵产进去。

## 对梨树情有独钟

梨实蜂一年只能繁殖一代，和其他害虫广泛取食植物不同，它们非常挑食，无论是苹果树还是桃树都不吃，唯独钟爱梨树。前面我们说了，它们用产卵器把叶片割开，然后把卵产进叶柄。这些卵在断口中待7天左右，就会孵化。孵化出来的幼虫就在断口中蛀食，被蛀食的部分会逐渐干枯。幼虫越长越大，它们最喜欢吃的是梨树的果实，但现在梨树才刚开花，不过没关系，它们可以先去吃花朵。它们爬到花萼的根部不断地啃食，直到咬穿花萼，钻进花的内部。这样等花萼脱落，幼虫就直接钻进果实内部了。它们在梨子的内部肆意啃咬，被咬的梨子逐渐变黑，未等成熟就掉落了。这个时候已经成熟的幼虫就随着梨子掉落在地上，或者自己钻出梨子，然后钻进土壤中，吐丝结茧，度过冬天。

## 成虫会假死

度过了冬天的幼虫逐渐成熟，在春天来临、杏树开花时破茧而出。这个时候它们已经有了翅膀，它们飞到杏树或者樱桃树的花朵上取食花蜜。不过它们并不在杏树或者樱桃树上产卵，而是耐心地等待着梨树开花，好去产卵。

梨实蜂喜欢在中午活动，早晨和日落后就一动不动地待在树叶上呈假死状态。这个时候，如果你摇动树叶，它们就会跌落下来。很多果农就是利用梨实蜂的这一特点来消灭它们的。

# 横行无忌的土匪——红火蚁

**无**论是在人类世界还是在昆虫王国中，总有些家伙"人缘儿"不怎么好，要么性格蛮横凶狠，要么性格怪异、不合群。下面我们要介绍的就是一种招人嫌、惹人恨的坏蛋，它们就是红火蚁，昆虫王国中臭名昭著的土匪。

##  身体小，性格凶

红火蚁的老家在南美洲的巴拉那河流域。它们和蚂蚁外形很相近，兵蚁体长3～6毫米，工蚁体长2～6毫米，头部有2根10节的触角，整个身体除了腹部部分是黑色的以外，几乎都是鲜艳的红色。成群的红火蚁聚在一起，就像一片浓烈的火焰。所以它们因此得名红火蚁。

别看红火蚁身体小，但它们的性格非常凶猛，只要是它们所在的区域，就不允许任何其他生物居住，谁敢闯进这个区域，它们就会一拥而上，又叮又咬，就算是面对大型的动物都无所畏惧，直到把入侵者打跑为止。

##  繁殖能力强

和大多数蚁类一样，红火蚁也是一种社会性昆虫。它们的繁殖能力非常强悍。红火蚁一生经历卵、幼虫、蛹和成虫4个阶段，共8～10周。蚁后终生产卵。雄蚁交配后不久便死去，受精的蚁后建立新巢。一个成熟的蚁巢会有5～50万只左右的红火蚁。在这个庞大的社会群体中，有负责做工的工蚁、负责保卫和作战的兵蚁和负责繁殖后代的生殖蚁。生殖蚁包括蚁巢中的蚁后和长有翅膀的雌、雄蚁。

相对只能活几十天的工蚁来说，蚁后的寿命很长，通常能活2～6年。蚁后每天可产卵800枚，一个有多只蚁后的巢穴每天共可以产生2000～3000粒卵。当食物充足时产卵量即可达到最大，一个成熟的蚁巢可以达到24万只工蚁，典型蚁巢为8万只。

▼红火蚁

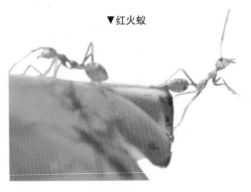

## 环境破坏者

红火蚁不仅在昆虫王国中名声不好，在人类世界中的名声也不好。它之所以恶名昭彰，是因为其可怕的破坏

力。世界自然保护联盟把它列为最具破坏力的入侵生物之一。在美国南方已有12个州超过1亿公亩的土地被入侵的红火蚁所占据，它们对美国南部这些受侵害地区造成的经济上的损失，每年数十亿美元。

红火蚁什么都吃，不仅捕杀昆虫、蚯蚓、青蛙、蜥蜴、鸟类和小型哺乳动物，也采集植物种子。甚至对于大型的动物，它们都悍然不惧，而且会针对对方的弱点进行攻击，在攻击时会优先攻击猎物的眼睛等要害器官。如果被它们叮咬，隔一天，叮咬部位就会出现水疱，伴随着灼烧般的剧痛。

你知道吗

红火蚁的寿命与体形有关，一般小型工蚁寿命在30～60天，中型工蚁寿命在60～90天，大型工蚁在90～180天。

# "放屁大王"——椿象

66 我不是独角仙，我没有利角；我不是叩头虫，我不会弹跳……"每到夏天，椿象就默默唱着自己编的歌，大摇大摆地出来游逛了。它们既没有强有力的武器，也没有敏捷的逃跑功夫，那么它们该怎样保护自己呢？

▶椿象

## 别惹我，我会放屁

虽然椿象看起来很不起眼儿，但其他小动物都不敢惹它们。因为它们有一个秘密绝招儿——放屁。

椿象身上有个不起眼儿的小孔，连接着体内的臭腺，臭腺内存满了臭液。一旦遭遇敌害，椿象就会从小孔里喷射出臭液。臭液被喷出后立刻化为奇臭无比的气体，熏得捕食者头昏脑涨的，失去判断能力，椿象借机逃之夭夭。椿象释放出的臭气太难闻了，与臭屁不相上下，所以人们送给它们一个形象的绰号："放屁虫"。

◀"臭娘娘""臭大姐"是椿象的别称

##  椿象大家族

椿象是昆虫纲半翅目昆虫，家族成员众多，每个种类都有独属于自己的特征。但从总体上来说，大多数椿象身体扁平，有个长长的口器，能够刺破植物表皮，吸食汁液。它们的前翅基部为革质，其他部分为膜质；后翅全部为膜质或者完全退化。

椿象属于不完全变态昆虫，夏天尤其活跃，冬天几乎不可见。它们分布广泛，有的生活在陆地上，有的生活在水里，还有的是两栖昆虫。生活在陆地上的椿象，大多都有短鞭状的触角；生活在水里的椿象，一般都有镰刀状的前脚；两栖椿象的中、后腿特别细长，能将身体支得高高的，使它们看起来和蜘蛛很像。

## 坏虫和好虫

部分椿象吸食植物的汁液，还将卵产在植物的枝干内，是不折不扣的害虫。

不过，并不是所有椿象都是坏蛋，还有一些椿象对人类有益。

九香虫是一味良药。这种椿象体内含有九香虫油，有理气止痛的功效。古时候的人经常将捉来的九香虫炒熟，当药膳吃呢。

# 表里不一的坏家伙——金龟子

金龟子当选"最美甲虫"后，一举一动都受到大家的关注。有甲虫记者发现，金龟子的内心并不如外表那样美丽，它们经常在晚上出来"作恶"。

## 美丽的外表

金龟子们优雅地站在台上，不时转个身，向大家展示它们的美。只见它们椭圆或卵圆的身体上，披着闪烁着金属光泽的艳丽甲壳，有铜绿色的、暗黑色的、茶色的……在阳光下一闪一闪的，赢得观众一波又一波的欢呼声。当它们抬起小小的脑袋时，观众再次被惊呆了，只见它们的触角呈鳃叶状，毛茸茸的，仿佛头上戴着两条丝绒发带。

作为"最美甲虫"，金龟子的所作为并没有像它们的外表那样美好，无论是成虫还是幼虫，都是植物的克星。

▲金龟子触角特写图

## 邪恶的内心

金龟子成虫喜欢啃食植物的芽、叶、花、果等，幼虫喜欢吃植物的根、块茎、幼苗等。在金龟子的大力破坏之下，梨、桃、葡萄、苹果、柑橘等果树的叶子满是孔洞，严重时只剩下主叶脉，根本无法进行光合作用。不仅果树会遭到金龟子的破坏，柳树、桑树、樟树、女贞树等，也经常受到成群结队的金龟子的袭击，大多受伤惨重。

很多金龟子特别嚣张，不顾大家的谴责，在白天就大摇大摆地出来破坏植物。这种金龟子被称为"日出型"金龟子。

## 无恶不作的幼虫

金龟子的成虫令人厌恶，幼虫更可气。很多植物还没钻出土壤呢，就被金龟子的幼虫吃光了。金龟子属于完全变态昆虫，幼虫学名"蛴螬"，俗名"白土蚕"，多数全身呈白色，少数为黄白色，头部呈黄棕色，喜欢将身体蜷缩成"C"形，在地下生活的时间较长。

▲金龟子幼虫

# 蚁中强盗——红蚂蚁

YI ZHONG QIANGDAO—HONGMAYI

**蚂**蚁的颜色不同，性格也大为不同。常见的黑蚂蚁或褐蚂蚁，是勤劳、勇敢、团结的象征，而红蚂蚁却是懒惰、强横的象征。下面，就让我们来揭开红蚂蚁的神秘面纱吧。

▶ 红蚂蚁

##  小小的红色火焰

红蚂蚁是完全变态昆虫，体长 0.3 厘米左右，头部近四方形，头顶及两侧有纵条纹，触角呈柄节状，复眼小小的，上颚发达。胸部几乎与头部等长。腹部椭圆形，表面十分光滑。

红蚂蚁穿着一身橙红色或暗红色的外套，行动时如同一簇跳动的火焰，非常显眼。它们喜欢吃甜食，也爱吃肉。

##  懒惰的强盗

红蚂蚁是群居动物，每个蚁群中有一个蚁后、一些雄蚁和无数工蚁，等级分明。要维持这个庞大家族的活力，得有无数的食物才行，可为什么见不到红蚂蚁出来寻找食物呢？因为有很多"仆人"在为它们工作。

红蚂蚁生性懒惰，懒得寻找食物，懒得抚育幼虫，甚至懒得主动去吃身旁的食物，非要"仆人"将食物送到嘴里才行。为了畜养足够多的"仆人"，每年六七月份，红蚂蚁都要出征若干次，去抢其他蚂蚁的蛹。黑蚂蚁的蛹是它们最喜欢抢夺的对象。

浩浩荡荡的红蚂蚁大军在领头蚁的带领下，开始地毯式搜索。一旦发现黑蚂蚁的蚁穴，领头蚁就会带领部下立即冲进去，与黑蚂蚁进行一番厮杀。正常情况下，都是红蚂蚁取得胜利，接着，它们会用大颚咬住黑蚂蚁的蛹，大摇大摆地搬回家去。黑蚂蚁破蛹而出后，就会成为红蚂蚁最忠诚的"仆人"。

## 精准的记忆力

为了抢到足够多的"仆人"，红蚂蚁往往要走很远的路。可无论走出多远，它们都能按照原路一丝不差地返回来。难道它们像蜗牛一样，一边爬，一边在路上作标记了吗？其实不是的。原来，红蚂蚁有着精准的记忆力，它们能把看到的图像在大脑中保留1天，甚至更长时间。路上的细微景物都是它们的记忆坐标，能够指引它们找到回家的路。

# 蚁中恶魔——白蚁

YIZHONG E MO—BAIYI

白蚁和蚊子、蝗虫一样，都是臭名昭著的坏蛋。也许一只白蚁貌不惊人，可当它们集体出动的时候，是以令人毛骨悚然。

▲白蚁

## 坏蛋的模样和种类

白蚁属于不完全变态昆虫，身体扁而柔软，体长 0.2 ~ 1.2 厘米，有的蚁后体长可达 14 厘米。它们的口器为咀嚼式，触角呈念珠状，身体呈白色、淡黄色、赤褐色或黑褐色，其中白色的最多，故称"白蚁"。由于长时间生活在阴暗的巢穴里，大部分白蚁的眼睛已经退化，完全靠头部表皮感知光线。

根据有无翅膀，可将白蚁分为有翅型和无翅型。有翅型白蚁有 2 对狭长的膜质翅膀，前翅和后翅大小、形状、翅脉都相同，并比身体长。短时间飞行后，白蚁的翅膀会自动脱落。

## 鬼斧神工的巢穴

根据巢穴所在的位置，白蚁巢分为木栖巢、地下巢、地上巢、土木栖巢、寄生巢等，其中地上巢最为壮观。

▲被白蚁蛀食的木头

地上巢是白蚁在地面上建造的巢穴，有的仅几十厘米高，有的高达数米。巢穴外面覆盖的一层厚厚的掩护物，如同混凝土一般牢牢保护着蚁巢。巢穴内部有排列整齐的产卵室、育婴室和复杂的采暖、通风设施，可利用阳光和自然风来保持蚁巢内温度恒定、空气新鲜。如果不是亲眼所见，人们很难

相信这鬼斧神工的建筑是由小小的白蚁建成的。

## 社会形态

　　白蚁是社会性昆虫，几代白蚁共同生活在一个巢穴里，形成大型、永久性的蚁群。白蚁群有严格的等级划分：最高级别的是有眼睛、有翅膀的繁殖阶层，即蚁后、预备繁殖蚁等；中等级别的是兵蚁，眼睛退化、无翅膀、负责保卫蚁巢的安全；低等级别的是工蚁，眼睛退化、无翅膀、负责寻食、照顾幼虫、喂食其他白蚁。

▲白蚁巢穴

## 白蚁不是蚂蚁

　　很多人认为白蚁是蚂蚁的一种，这就大错特错了。这两者不仅不是近亲，而且是仇人。蚂蚁经常捉住落单的白蚁，运回巢穴作为食物。

　　白蚁属于等翅目昆虫，前、后翅大小相等；蚂蚁属于膜翅目昆虫，前翅大于后翅。

　　白蚁有水桶状的粗腰，蚂蚁有哑铃状的细腰。

　　白蚁是不完全变态昆虫，蚂蚁是完全变态昆虫。

　　白蚁食性单一，以植物性纤维素及其制品为主食，兼食真菌和木质素，一般不储粮；蚂蚁食性很广，几乎什么都吃，有储粮的习惯。

# 它们也很讨厌

TAMEN YE HEN TAOYAN

**真**是不查不知道，一查吓一跳：害虫的种类和数量竟然这么多。现在咱们就选些典型的坏蛋声讨一下吧。

 ## 赤拟谷盗

▶赤拟谷盗

赤拟谷盗在为自己申辩之前，先发泄了对自己名字的不满。是呀，谁愿意被称为"盗"呢？可事实上，这些家伙一点儿都不冤。

这种害虫全身呈赤褐色或褐色，身体上密布小刻点，背面光滑有光泽，头扁阔。它们喜欢寄生在食用菌、玉米、小麦、稻、高粱、油料、干果、豆类、中药材、生药材、生姜、干鱼、干肉、皮革、蚕茧、烟叶、昆虫标本等处，糟蹋食物和物品。更可气的是，它们有臭腺，能分泌臭液，使面粉有霉腥味，还能分泌致癌物。

 ## 衣鱼

衣鱼不是鱼，而是一种比较原始的无翅小型昆虫。它们的身体长而扁，腹末端有3条"尾巴"，身上有鳞，没有翅膀，喜欢生活在温湿处，怕日光，常躲在黑暗的地方。

衣鱼被人们称为"书虫"，不是因为它们爱看书，而是因为它们喜欢吃书。它们喜欢吃富含淀粉或多糖的食物，所以古旧的书籍和衣服是它们的最爱。除了书架和衣柜，冰箱底部、开暖气的浴室、地砖和墙壁的缝隙里也能看到它们的身影。

不过，衣鱼虽然会滋扰人们的生活，但相对其他坏家伙来说，它们带来的危害

▼衣鱼放大图

要小很多。而且只要环境干燥整洁，建筑物没有缝隙，它们就不易生存。

## 米象

▲米象

米象是藏在谷物中的害虫，成虫吃谷粒，幼虫蛀食谷粒内部，对米、稻、麦、玉米、高粱等都有很大危害。成虫只有几毫米长，呈红褐色或沥青色，背无光泽或略具光泽。

米象喜欢温暖而又湿润的地方，繁殖能力强，性情贪婪，还会假死。它们的分布范围很广，几乎全世界都有。在中国，它们主要分布在南方。

## 葡萄根瘤蚜

蚜虫家族中的害虫实在太多了，葡萄根瘤蚜就是其中之一。它们个头儿不大，危害却不小。

它们是葡萄的天敌。成虫总涎皮赖脸地住在葡萄叶上大吃大喝，若虫则集中在根部搞破坏。

葡萄根瘤蚜严重危害欧洲和美国西部的葡萄树的生长。它们于19世纪中期从美国传入欧洲，在一段时间内几乎摧毁了法、意、德的葡萄业和酿酒业。目前，葡萄根瘤蚜广泛分布于6大洲，约40个国家和地区。

▼被葡萄根瘤蚜伤害的葡萄叶

181

##  木匠蚁

▼木匠蚁

木匠蚁又叫巨山蚁、弓背蚁，是令人恶心的坏"木匠"。它们大部分的种类是黑色的，工蚁体长最长约为6.4毫米，蚁后最长约为19.1毫米。

木匠蚁喜欢在木材上筑巢，至于这木材是生机勃勃的大树还是人们房屋的大梁，那就不在其考虑的范围内了。除了伤害树木，它们还会在晚上偷偷摸摸地溜进人类的厨房，偷些甜腻的东西吃。

## 马铃薯甲虫

马铃薯甲虫成虫体长约10毫米，呈橘黄色，头、胸部和腹面上散布着大小不同的黑斑。它们从前生活在北美洲落基山脉地区，以植物的叶子等为食，危害还不算大。等美国引进马铃薯后，它们便争先恐后地扑到马铃薯的植株上享受美味的叶子，接着气势汹汹地追着马铃薯向美国东部蔓延，后来又侵入法国、荷兰、瑞士、德国、西班牙、葡萄牙、意大利等国家，现在几乎遍及全球了。它们除了会对马铃薯的

◀马铃薯甲虫

种植范围造成毁灭性灾害外，还会危害番茄、茄子、辣椒、烟草等植物。

 **蓟马**

很多害虫在春、夏、秋三季十分猖狂，而冬天，不是死去，就是躲起来了。但蓟马不同，如果农民伯伯一时疏忽的话，即使在冬天，它们也能出现在温室大棚中，危害茄子、黄瓜、芸豆、辣椒、西瓜等作物。它们喜欢吃植物的汁液，进食时会损害植物的叶子和花朵。

消灭蓟马不是一件容易的事。因为它们长得很小，又总是躲在背光的地方，而且常在早晨、傍晚和夜间出来活动，不易被人发现。而人们喷洒农药多在白天进行，到了晚上，药效往往就减弱或者消失了。

蓟马有很多种类，比如瓜蓟马、葱蓟马、稻蓟马、西花蓟马等。

▲蓟马为害的柑橘果实

# 昆虫研究室

## ——濒临灭绝的昆虫

昆虫是地球上生存时间最长、物种最丰富、数量最庞大的动物种类，人类应该为它们营造一个天然、安全的生存环境。可为了满足人类日渐膨胀的欲望，地球上原本平衡的生态环境被大肆破坏、污染，致使很多昆虫无家可归、数量逐渐减少，很多品种已经濒临灭绝。下面，就让我们来了解一下急需保护的昆虫吧。

### 美国埋葬虫

美国埋葬虫是一种鞘翅目昆虫，触角呈锤状，吃腐烂的动物尸体，并将其转化成对自然有利的物质，是大自然的清洁工。

埋葬虫妈妈有时候很残忍。当幼虫数量超过食物所能满足的数量时，埋葬虫妈妈会吃掉那些体弱、抢不到食物的幼虫，这样做可以提高幼虫的整体存活率。

### 亚历山大女皇鸟翼凤蝶

亚历山大女皇鸟翼凤蝶长得很大，非常珍贵。它们很挑食，据说只以一种植物为食(由于环境的破坏，这种植物越来越少)，再加上当地人经常捕捉它们卖给贸易商，所以它们的处境十分悲惨，数量在不断减少。

## 荷马凤蝶

荷马凤蝶被认为是西半球最大的蝴蝶。美国科学家表示，这种蝴蝶已经濒临灭绝了。它们的数量非常少，目前只在牙买加地区被发现过。因此，人类必须马上展开保护这种昆虫的行动，如人工繁育等，才能留下这一珍贵物种。

## 华莱士蜜蜂

华莱士蜜蜂体型很大，一般生活在印度尼西亚地区。它们喜欢在白蚁的巢穴里安家，很难被人们发现，所以人们一度认为它们已经灭绝了。尽管有证据证实它们还存在于地球上，但不容置疑的是，它们的处境依然很糟糕。

## 巨型沙螽

巨型沙螽与我们常见的蟋蟀模样相似，生活在新西兰主岛外的岛屿上。由于外来的捕猎者，如猫、老鼠、刺猬等，对它们进行捕食，它们的数量越来越少。

昆虫也是地球上的居民，同样享有地球居住权。对于那些处境堪忧的昆虫，我们应该积极采取保护措施，让这些"小邻居们"能够健康成长，并与其他生物一起，组成一个完整的生物链。

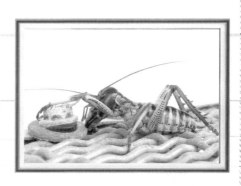

# 6

第六章

# 蜂蚁来袭

# 没有谁比它们更爱劳动——蜜蜂

"嗡嗡嗡,嗡嗡嗡,大家一起勤做工。来匆匆,去匆匆,做工兴味浓。春暖花开不做工,将来哪里好过冬?嗡嗡嗡,嗡嗡嗡,别学懒惰虫。"这首耳熟能详的儿歌,讲的就是勤劳可爱的小蜜蜂。

## 蜜蜂肖像画

说起蜜蜂,很多人脑海里就会浮现出它们在花间忙碌的身影,想起它们高超的建筑才能。也许有人会问,它们究竟是什么模样?现在,我给大家简明介绍一下。

蜜蜂属于膜翅目昆虫,完全变态,体长 0.8 ~ 2 厘米,体表为黄褐色或黑褐色,披有一层浓密的绒毛;头部几乎与胸部等宽;触角顶在脑袋上,好像两根小天线;复眼圆鼓鼓的,视力十分敏锐;前翅大,后翅小,都如薄膜一般,有清晰的翅脉;椭圆形的腹部末端,藏有一根尖尖的螫针;6 条腿分工明确,前 4 条抓握,后 2 条携带花粉。

## 勤劳的小天使

太阳一出来,蜜蜂就冲出蜂巢,奔向那些绽放笑脸的花朵。一旦找到合适的蜜源,它们就一头钻进花蕊,不停地挪动着 6 条腿。当 2 条后腿沾满花粉后,它们马上扇动小翅膀,将花粉送回蜂巢。平时我们看到的蜜蜂只

▶蜜蜂

是专职采蜜的工蜂，那其他的蜜蜂都在干什么呢？蜂王正在蜂巢最大的居室里产卵；雄蜂在交配后就死了；其余的工蜂有的在照顾蜂王，有的在照顾卵和幼虫，有的在扩建蜂巢。

## 新旧蜂王的更替

一只蜂王每天能产 1000 多粒卵，这些卵多数是雌性的。经历了卵化幼虫、幼虫化蛹、蛹化成虫后，大批雌蜂就问世了。为了保证自己独一无二的"女王"地位，蜂王会分泌一种叫"蜂王物质"的信息素，抑制那些雌蜂的卵巢发育，使它们变成不会生育的工蜂，为自己服务。蜂巢内的工蜂越来越多，蜂王的"蜂王物质"能抑制的雌蜂数量却有限，于是，那些不受抑制的雌蜂开始"造反"了。它们修建新的蜂王居室，推选出新的蜂王。新蜂王年轻，受到"臣民"爱戴，老蜂王只好带着一部分工蜂离开蜂巢，另立门户去了。

▲ 蜂王

▲ 工蜂

▲ 雄蜂

# 毒刺很威风——黄蜂

**▶▶ DUCI HEN WEIFENG—HUANGFENG**

**和** 勤劳可爱的蜜蜂相比，黄蜂抢夺、猎杀、蜇人，无恶不作。而且，它们小肚鸡肠，稍微受到一点儿侵犯，就会成群结队地攻击对手，一点儿情面都不留。

▼黄蜂

##  身材苗条，性情暴躁

黄蜂和蜜蜂一样，也是膜翅目昆虫。不过，和温婉的蜜蜂相比，黄蜂的脾气真是太暴躁了，动不动就用尾部的螫针蜇人，常常将人蜇得鼻青脸肿，引起人体的过敏反应和毒性反应，甚至致人死亡。不过雄黄蜂不会蜇人，因为它们没有毒针。和蜜蜂不同的是，雌黄蜂蜇人后一般不会死，因为其毒针没有与内脏相连，即使丢掉毒针，也不会将内脏带出体外。

黄蜂内心阴险，却长了一副人畜无害的模样。它们穿着黄褐色或黑黄色相间的外衣，体表光滑少毛，脑袋大大的，翅膀透明，腹部为椭圆形。黄蜂的腰长而细，非常优美，所以古人形容女子腰细而美时，常用"蜂腰"一词。

## 筑巢本领高

黄蜂虽然"烧杀掠夺"，无恶不作，但它们却是不折不扣的爱家分子，总是将巢穴建得安稳妥当，让蜂王和幼虫过得舒舒服服的。

筑巢时，它们先将朽木、干草等嚼碎，然后利用口中的分泌物黏合被嚼成糊状的木质纤维，建筑成巢。这种巢穴一般挂在树上或者檐下。

　　还有一些黄蜂将巢穴建在地下或者土墙内。从表面看，只能看到一个小指粗的空洞，仅容一两只黄蜂进出。挖掘开来，内部有不计其数的"房间"，整整齐齐地排列着，让人赞不绝口。

　　并不是所有的黄蜂都有高超的筑巢本领，蜾蠃科的黄蜂就什么都不会，平时居无定所。产卵时，雌蜂将卵产在泥室内或合适的竹管内，并将捉来的昆虫幼虫、蜘蛛等贮藏其中，供孵化后的幼虫食用。

## 吃素，也吃肉

　　黄蜂个子小小的，看起来好像不食人间烟火似的，实际上它们可贪吃啦。

　　平时，黄蜂就学着蜜蜂，采点儿花粉，吃点儿花蜜，喝点儿果汁，做个斯文的素食主义者。一旦肚子饿得咕咕叫，它们可就什么都顾不得了，一下子撕去斯文的外衣，到处抢夺别人的食物，还会猎食蝉、蝗虫等活物，令其他昆虫闻风丧胆。

# "外衣"最漂亮的蜂——盾斑蜂

"WAIYE" ZUI PIAOLIANG DE FENG—DUNBANFENG

**盾**斑蜂的外形和普通蜜蜂相似。当它们混迹在蜜蜂群里时，蜜蜂王国的国王总是分不出它们。为了在万蜂中一眼就能找出盾斑蜂，蜜蜂王国的国王让裁缝给盾斑蜂做了一件不一样的"外套"。

 **不一样的"外套"**

究竟哪里不一样呢？仔细对比盾斑蜂与蜜蜂，你会发现盾斑蜂的"外套"竟然是蓝黑条纹的。这些蓝纹颜色浅浅的，是天空的颜色，纯净明亮；这些黑纹颜色浓

▲盾斑蜂

浓的，是大地的颜色，古朴厚重。两者相间，十分美丽，使盾斑蜂在众多蜂类中脱颖而出，一跃成为最耀眼的蜂。而且，这件"外套"上还布满了细细的绒毛，既增添美丽，又能沾到更多的花粉。

盾斑蜂属膜翅目条蜂科，雌蜂体长1厘米左右，翅膀深褐色，有清晰的翅脉，喜欢生活在温暖的多花地区。

 **独特的休息方式**

我们还可从休息方式上区分蜜蜂和盾斑蜂。蜜蜂休息时，一般用6条细细的腿撑住身子，落在叶片或花瓣上；而盾斑蜂常常把后4条腿都收拢在腹下，只用2条前腿牢牢抱住树枝或花茎，以一种悬空的姿态休息。

# 在木头中筑巢的蜂——木蜂

有的蜂在树上筑巢，有的蜂在檐下筑巢，有的蜂在地下筑巢，有的蜂在灌木丛里筑巢……你见过在木头里筑巢的蜂吗？下面，就让我们一起来认识一下在木头中筑巢的蜂——木蜂。

## 木蜂简介

木蜂是膜翅目木蜂科昆虫的通称。它们有的体型大，有的体型小；少数种类群居，多数种类独居。

木蜂身体粗壮，体表呈黑色或蓝紫色，带有闪烁的金属光泽；胸部密生绒毛；腹部背面光滑；褐色的腿上生有短毛，携粉足上的短毛尤其浓密；头部顶着膝状触角，两侧生有椭圆形的复眼；上颚部分外露，上下颚具有很强的咬合力。

木蜂最喜欢采集苜蓿、向日葵等植物的花粉，在我国各地均有分布。

## 独特的筑巢习性

木蜂喜欢在干燥的木头或竹片上蛀孔建巢。筑巢时，它们的上下颚是最有力的挖掘工具。"咔嚓咔嚓"，一会儿工夫，就能啃出一个可容身的孔洞。不过，木蜂并不满足，还会继续向下挖掘，并在隧道两侧挖出小小的内室，以供蜂卵安身。

产卵前，雌蜂会先在内室里储备大量花粉和花蜜，然后在每个内室里各产一粒卵，并用咀嚼过的木质纤维封上内室，以保证蜂卵的安全。

◀木蜂

# 借腹生子的蜂——寄生蜂

▶▶ JIE FU SHENGZI DE FENG—JISHENGFENG

提起"嗡嗡嗡"的蜂，人们的脑海里就会浮现出"勤劳"一词。可如果你这么想，那就大错特错啦！有些蜂虽然谈不上懒惰，但也评不上"劳动标兵"，它们连抚育幼虫的活儿似乎都不愿意干，统统交给寄主去做。这些蜂被统称为"寄生蜂"。

▲被寄生的虫卵

## 不同的寄生方式

寄生蜂是指从植食性蜂类进化到筑巢性蜂类之间的一群肉食性蜂类。也就是说，寄生蜂的进化级别比植食性、独居性蜂类略高，比筑巢性蜂类略低。

寄生蜂的寄生方式分为外寄生和内寄生两类。

外寄生指寄生蜂将卵产在寄主的体表，幼虫孵化后，取食寄主体表，从外部开始蚕食寄主的身体；内寄生指寄生蜂将卵产在寄主的体内，幼虫孵化后，取食

▲青蜂

▲青蜂

寄主体内组织，从内部开始蚕食寄主的身体。

提起寄生虫，人们就会恨得咬牙切齿，可寄生蜂跟我们常常提到的好吃懒做的寄生虫不一样，寄生蜂有自己的苦衷。寄生蜂将幼虫扔给寄主抚养，并不是因为懒惰，而是因为它们的幼虫无法自己直接取食，要依靠寄主体内的营养来维持生命。严格来说，寄生蜂还是人类和植物的好朋友呢，因为寄生蜂选择的寄主大多是害虫，如松毛虫、螟虫等。

 **蜂中杜鹃**

青蜂又叫杜鹃蜂、红尾蜂，是膜翅目青蜂科昆虫，生存能力比较强，分布较广。它们体长 1 厘米左右，最大也不超过 2 厘米。体表光滑坚硬，或有无数个凹痕，一般呈金属蓝、绿色，在阳光下闪烁着迷人的光芒。它们的腹部可以弯曲，一受到惊吓，腹部就会弯曲成球形。

▶青蜂

青蜂之所以被称为"蜂中杜鹃"，
是因为它们具有跟杜鹃鸟相似的习性，喜欢将
自己的卵产在其他蜂类的巢内，让别的蜂代为抚
养自己的孩子。

大多数雌性青蜂喜欢将自己的卵产在蜜蜂或
黄蜂的巢内，也有一些青蜂，如上海青蜂，喜欢将
卵产在刺蛾幼虫的体内。在寄主的照顾下，青
蜂幼虫出世了。这些幼虫体表光滑，粗粗壮壮
的，头尾略尖，中间略粗，看起来就是一只毫无威胁
的软虫子。不过，千万不要小瞧这些软虫子，它们的
食量可大着呢。吃光寄主喂给它们的食物后，它们还会
抢夺寄主幼虫的食物，导致很多寄主幼虫被活活饿死。有
的青蜂幼虫甚至会残忍地吃掉寄主幼虫，独霸寄主的巢穴。

攒够能量后，青蜂幼虫会在寄主巢穴内化蛹。成虫
破茧而出后，还会抢夺寄主的食物，伤害寄主的幼虫。

青蜂的强盗作风引起很多蜂类的不满，但是大家都
拿它们没办法，因为它们的体表很坚硬，蜂刺根本扎不
进去。

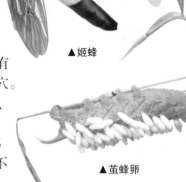

▲姬蜂

▲茧蜂卵

## 蜂中仙子

若说姬蜂是蜂中仙子，没人会反
对。一方面，这种蜂"心灵美"，它们
的幼虫主要寄生于蜘蛛或蝶、蛾的幼虫
上，是人见人爱的农业益虫。

另一方面，它们的外表也很迷人：
身体修长，穿着黄褐相间的"外衣"，
腹部细长而弯曲，触角长而多节，翅
膀透明而美丽，2个前翅上还各有1个
黑色翅斑。它们的产卵器非常有特色，
几乎与身体等长，如同在尾部拖了一根
长长的细针。

姬蜂对儿女十分关爱。其养家糊口
的方式别出心裁。成虫总是用螯针捕捉
毛虫、蜘蛛、甲虫等猎物，但一般只是
刺晕猎物，而不是将猎物杀死，因为这
样可以让宝宝们吃到新鲜的食物。

▼土蜂

## 其他寄生蜂

　　土蜂科的昆虫一般身体强壮，体色暗淡，多为黑色，体表有暗色或金色的绒毛。雄土蜂身材弱小，触角直；雌土蜂触角短而弯。雌土蜂在交配后会钻入落叶下或地下搜寻金龟子幼虫，并用螫针麻痹这些幼虫，然后在其体表产卵。常见的种类有日本土蜂、金毛长腹土蜂等。

　　茧蜂体长一般不超过 1.5 厘米，体表呈褐色、红褐色或黑色，有些种类的翅膀上有模糊的脉纹。头部宽阔，触角长长的。茧蜂幼虫的寄主主要是蛾类、蝶类的幼虫，有的种类也将蚜虫当成寄主。中国最常见的种类有麦蛾柔茧蜂、红铃虫甲腹茧蜂、螟蛉绒茧蜂、螟虫长距茧蜂和斑痣悬茧蜂等。

．千奇百怪．

　　有一种蜂喜欢从植物叶子上切取半圆形的叶片带进蜂巢，人们形象地称它们为"切叶蜂"。切叶蜂切叶并不是为了装饰巢穴，而是为了孵卵。它们将叶片卷成小包裹，然后在里面产卵，并放入一些花粉，给孵化出的幼虫当食物。

▼茧蜂

# 灰蛾猎手——赤条蜂

**▶▶ HUI E LIESHOU—CHITIAOFENG**

**春**天，太阳暖洋洋地照射在泥滩上，这里的草长得很稀疏，是赤条蜂经常出没的地方。下面就一起来认识一下赤条蜂吧。

## 给赤条蜂画像

赤条蜂身材娇小，体形玲珑有致，有细细的腰，腹部分为两节，黑色的肚皮上面还有一条鲜红色的"腰带"，据说它们的名字就来自这条"红腰带"。

## 住在一口"井"里

赤条蜂的家既不在树上，也不在草丛里。你猜怎么着？它们竟然住在"井"里。当然，这里的"井"，并非是真正的井。它们通常在泥土里挖一个垂直的洞，就像一口井，出口只有铅笔那么粗，洞底是一个孤立的小房间，不仅可用来休息，也是它们产卵的地方。赤条蜂在挖洞穴的时候，嘴巴会变成工具，前足则负责把泥土推到身后。当然，有时候它们也会遇到困难。这不，在挖掘过程中，它们遇到了一粒石子儿。就算赤条蜂的嘴再厉害，也对石子儿没办法。于是它们只能很费

▼赤条蜂

力地把挡路的
石子儿一点点地从
洞中推出去，然后远远
地丢到一边。不过，有些
沙砾则被赤条蜂留在洞口附
近，它们将来会有重要的用处。

当赤条蜂的家挖好之后，它们
就开始在洞口旁边的沙砾堆中翻找，
看看有没有扁平的，又稍微比洞口大一点
儿的沙砾，因为它们需要用这样的沙砾，盖住洞口，当作一扇门。这"门"看起来
和其他沙砾完全一样，谁也不会想到它底下会藏着赤条蜂的家。

## 聪明的捕猎者

灰蛾的幼虫是赤条蜂食谱上的第一美食。这种虫子大多生活在地底下，很难被
找到。不过，在捕猎方面，赤条蜂可是一个好手。它们先把可能藏有灰蛾幼虫的土
壤挖松，然后把周围的小草拔掉，接着把脑袋伸向每一条裂缝，仔细地察看里面是
否有虫子的踪迹。

这个时候，灰蛾的幼虫觉察到了上面的动静，决定离开自己的巢，爬到地面
上来看看到底发生了什么事。这一念之差就决定了它的命运。那赤条蜂早已准备就
绪，就等着灰蛾幼虫的出现了。果然，灰蛾的幼虫一露出地面，赤条蜂就冲过去
一把将它抓住了，然后伏在它的背上，不慌不忙地用刺把灰蛾幼虫的每一节都刺一
下。它那熟练的动作，让人想到游刃有余的屠夫。

## 把卵产进猎物体内

有的时候，赤条蜂捕捉到猎物并不是为了吃掉，而是用来产卵。例如，它们
捉到一条毛毛虫，就会用自己尾部的刺攻击毛毛虫，待毛毛虫失去抵抗力后，便将
其拖回巢穴，再把卵产进毛毛虫的体内。它们不会杀死毛毛虫，因为如果毛毛虫死
了，等卵孵化的时候就没有食物可吃了。当然它们也不会任凭毛毛虫扭来扭去，把
卵弄破，所以它们就像高明的麻醉师，把毛毛虫全身麻醉，直到幼虫孵化出来，把
毛毛虫吃掉。

# 人类的邻居——长腹蜂

**在**昆虫王国中有很多成员都和人类比邻而居，长腹蜂就是其中的一员。它们姿态优雅，但性格孤僻，习惯于默默无闻地待在偏僻的角落，所以即便是它们和我们住在一起，我们却不一定见过它们，现在就让我们把它们从幕后请出来吧！

 ## 长腹蜂的特征

　　长腹蜂体长 2 ~ 2.5 厘米，有金毛和白毛两种。白毛的叫作白毛长腹蜂，而金毛的则被称为金毛长腹蜂。长腹蜂后背上生有一对透明且带有花纹的膜状翅膀，飞行速度很快，很难捕捉。长腹蜂是一种畏寒喜暖的昆虫，它们最喜欢住在温暖的阳光下。当然，人类的房屋因为要生火取暖或者烹饪菜肴，便会产生各种热气，所以更受它们的欢迎。不过，这些热气也会给长腹蜂带来困扰，因为它们飞行的道路经常会被锅里冒出的热气，或者烟雾所阻挡。

　　长腹蜂最喜欢的温度是 35℃ 左右，有科学家证明，在这个温度下，长腹蜂的幼虫能够更好地生存。家族的兴旺必须依赖很高的温度，对于在泥巴筑成的巢中沉睡 10 个月的长腹蜂幼虫而言，酷热是非常有益的。它们要在酷热中经历一段比种子萌芽并生长成大树更令人赞叹的过程，最终蜕变成一只完美的长腹蜂。

▲长腹蜂

**用烂泥筑巢**

　　长腹蜂生活在南方，它们不喜欢城市中的高楼大厦，却对尘土飞扬的乡村情有独钟，这是因为它们在城市中很难找到用来筑巢的材料。难道它们要用很稀有的材料来盖房子吗？当然不是，事实上它们筑巢用的是在农村很常见的烂泥。

　　如果附近恰好有条小溪，长腹蜂会去溪边采集一些湿软、细腻的泥巴。如果没有小溪和河流，那充满烂泥的污水坑，长腹蜂也不嫌弃。

　　长腹蜂建筑的蜂巢只是粘在一个支撑物上的一堆泥巴，没有作任何特殊的黏性处理。一遇到雨水，蜂巢就会变成一堆烂泥。这样的蜂巢并不适合建在户外，因此它们偏爱人类的房子。因为，在人类的房子里筑巢，不但能保护蜂巢，还可以抵御寒冷。

# 柳树杀手——叶蜂

**在**蜂类家族中，大多数蜂类对人类来说都是益虫，它们有采蜜授粉的蜜蜂，有专杀害虫的赤眼蜂。不过，有个家伙却是蜂类家族中的叛逆者，它一点儿都没有学习到其他蜂类的好品行，反而品德恶劣，作恶多端。它就是叶蜂，专门祸害植物的害虫。

##  它们长什么样

叶蜂科隶属于膜翅目，分布在世界各地，共有5000多种，成虫翅展16毫米左右。身体呈土黄色，有黑色的斑纹，肥胖如蜜蜂，头很大，有3只单眼，1对发达的复眼。触角形状多样，有丝状、棒状和扇状等，通常雄性的较为发达，多为13节，雌性的较短，多为12节，少数种类节数减少到6～8节。

多数种类都具有2对正常的膜质翅，且前翅明显大于后翅，仅少数种类的翅退化或变短。前翅前缘通常有翅痣，其形状多有变化。

腹部通常10节，少的只可见3～4节。有些种类叶蜂的第1腹节已并入胸部，形成胸腹节，第2节通常很小，或呈柄状。雌虫第7、8节腹板变形，形成产卵器。叶蜂的产卵器多呈锯齿状，产卵时用以锯开植物组织，故又称叶蜂为"锯蜂"。

▲叶蜂

##  主要祸害柳树

叶蜂喜欢吃柳叶，所以也被称为柳树杀手。成年叶蜂把卵产在柳树叶片的组织内，幼虫孵化后，就在叶片上啃食叶肉。叶片上被啃食的部分逐渐肿起，最后形成虫瘿，虫瘿近茧豆形，无毛，由绿渐变为红褐色。虫瘿以叶背面中脉上为多，严重时虫瘿成串。带虫瘿的叶片易变黄，提早落叶，影响植株生长。秋后幼虫随落叶或脱离虫瘿入地结薄茧越冬。

 **多种繁殖形式**

　　叶蜂科因为其成员较多，有些成员虽然同属于叶蜂科，但彼此之间多少有些差异。例如在产卵器上，有些成员的产卵器是锯状；有些则呈锥状，能够钻孔；还有些甚至是针状，用来穿刺。同时这些产卵器还有杀死、麻痹或保存活的动物寄主食物等功能。叶蜂是完全变态昆虫，一般为两性生殖，也有的行单性孤雌生殖和多胚生殖。

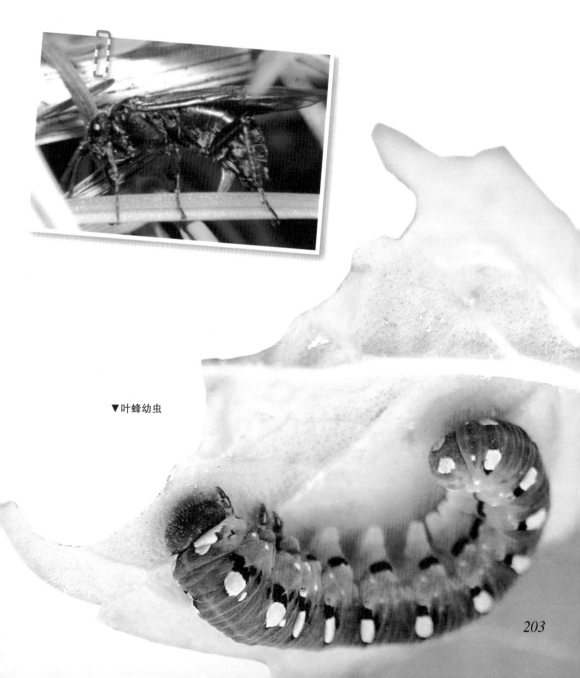

▼叶蜂幼虫

昆虫百科全书

KUNCHONG BAIKE QUANSHU

# 独来独往的"游侠"——泥蜂

DULAI DUWANG DE "YOUXIA"—NIFENG

与喜欢群居的蜂种相比，泥蜂显然更喜欢安静地独处，它们不会扎堆地生活，很少成群结队地集体行动，俨然是大自然中独来独往的"游侠"。

## 泥蜂素描

想知道泥蜂长什么样吗？下面就为大家揭晓。泥蜂的体形和体色多样，有红色或黄色斑纹，体长 5 ~ 50 毫米，体壁坚实。

泥蜂的口器多为咀嚼式或嚼吸式，上颚发达，足有短粗、有细长。雌性泥蜂的腹部末端螫刺发达。泥蜂幼虫和成虫的差别很大，幼虫无足，有些在胸部和腹部侧面有小突起。

▲泥蜂

 **泥蜂的生活习性**

泥蜂分布在世界各地，甚至在北极圈内也有泥蜂的足迹。可见，泥蜂的生存能力很强。

据了解，绝大多数泥蜂喜欢生活在热带和亚热带地区，泥蜂分为捕猎性、寄生性或盗寄生性，但大多数为捕猎性。泥蜂成虫主要以捕食昆虫、蜘蛛、蝎子等为生，它们捕到猎物后，先用螯针将其麻痹，然后将猎物带回巢内封贮。

泥蜂不喜欢"集体宿舍"，若干个雌蜂虽然会共用一个巢口和通道，但每个雌蜂会再单独为自己修筑一个"卧室"。

泥蜂的筑巢工序非常复杂，一般会选择在土中筑巢，泥蜂巢的结构、巢室的数量、入口处的形状因不同属或种而异。

巢筑好了之后，泥蜂便开始在巢室内产卵，之后将事先捕到的猎物与卵一起封闭在巢室内。待幼虫孵出后，可以直接食用猎物，直到化蛹。也有少数种类泥蜂的幼虫孵出后，由雌蜂经常更新猎物来饲养。

 **泥蜂的喜好**

相对于马蜂来说，泥蜂和善多了，它们没有什么领土意识，也不会主动攻击人类，因此，很多昆虫爱好者都喜欢将泥蜂作为观察目标。泥蜂一般喜欢生活在干燥僻静、人烟稀少、野花盛开的地方，如风景秀丽的高山、旷阔无垠的大草原……

# 迷恋"茎"的蜂——茎蜂

**▶▶ MILIAN "JING" DE FENG—JINGFENG**

————只蜂在植物的茎周围飞舞，别以为它只是路过，其实它是在寻找植物幼嫩的茎节，以方便自己产卵。它叫茎蜂，单从名字上我们就能看出，它的一生与植物的"茎"有着密不可分的关系。

 ## 茎蜂的长相

茎蜂体形纤细，体长不超过16毫米，体色一般呈黑色并伴有黄色斑纹。茎蜂前胸后缘两侧、翅基、后胸后部和足均为黄色，翅呈淡黄色、半透明。茎蜂的头较大，复眼显著，触角呈丝状或略带棒形。前胸背板后缘平直，没有细腰，身体呈圆筒形或体侧较扁。

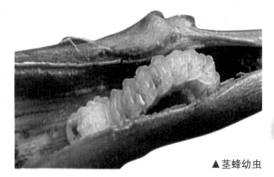

▲茎蜂幼虫

雌性腹部有锯状产卵器，能收缩，可清楚地看到。卵长约1毫米，椭圆形，稍弯曲，乳白色、半透明。

幼虫长约10毫米，由白色渐渐变成淡黄色。头呈黄褐色，足部退化，无跗节爪，表皮多皱，尾部上翘。

蛹长10～12毫米，呈黄白色，临近羽化期时变成黑色，蛹外被有薄茧。

## 对"茎"情有独钟

从卵到成虫，可以说茎蜂的一生都离不开"茎"。雌蜂把卵产在茎壁下1～3节的幼嫩的茎节附近，产卵时茎蜂会用产卵器，把茎壁锯1个小孔，把卵产在茎的内壁上。产卵量一般为50～60粒，最多72粒，卵期为6～7天。

幼虫孵化后，就取食于茎壁内部。一旦到了它们的暴食期，它们常常会把茎节咬穿或将整个茎壁食空。它们仍不满足，还会逐渐向下蛀食到茎基部，使茎壁变白，幼虫老熟后还会在根茬中结透明薄茧越冬。

## 如何防治

　　茎蜂喜欢"茎"，"茎"却不喜欢茎蜂。因为，茎蜂的所作所为对"茎"来讲可是致命的打击。为了保护植物的茎不受伤害，人类特别研究了防治茎蜂的方法，如：

　　捕捉成虫。在早春时节，可在早晚或阴天捕捉群栖于嫩茎上的成虫。

　　剪除虫梢。在成虫产卵结束后，可及时剪除被害的新梢，从而有效消灭茎蜂卵。

　　人工杀。冬季剪除被害枝梢，不能剪除的，可用铁丝入被害的老枝内，杀死幼虫或蛹。

　　药剂防治。在成虫高发期，喷射灭蜂药液。喷药时间以中午前后最好，要在两天内喷完。

　　保护天敌。保护茎蜂的天敌是效果最好的生态防治方法。

# 小小大力士——蚂蚁

田间檐下，沙地草间，经常能见到来去匆匆的蚂蚁。它们要么正举着食物回家，要么正行进在觅食的路上。偶有几只蚂蚁停下来，也只是礼貌地碰一碰触角，打一声招呼，然后又急匆匆地忙去了。

▲蚂蚁

##  身材娇小的大力士

蚂蚁身材娇小，体长一般不超过3厘米，穿着黑色或褐色的"外衣"，大大的头上长着2只复眼和1对呈膝状弯曲的触角，纤细的腰身后面是卵形的腹部。别看蚂蚁身材娇小，它们可是不折不扣的大力士呢。一只普通的蚂蚁能够举起约是自身体重400倍、拖拽约是自身体重1700倍的物体。

蚂蚁是完全变态昆虫，是地球上数量最多的昆虫种类。

##  分工明确

蚂蚁王国的居民分工明确，各司其职。蚁后是蚂蚁王国的国王，是有生殖能力的雌蚁，负责产卵和管理王国；雄蚁专职与蚁后交配，以繁育后代，交配后不久即死去；工蚁是雌蚁，但没有生殖能力，是蚂蚁王国中最忙碌的居民，负责建筑巢

穴、寻觅食物、喂养幼虫、照顾蚁
后；兵蚁身强体壮，主要职责是保卫
蚁群。

　　一个蚁群只有一只能产卵的雌蚁——蚁后，如果蚁后意
外死亡，蚁群是不是就再也没有新生命出现了？不是的。蚁
后死后，在那些没有生殖能力的工蚁中，会有一只或者几只进
化出生殖器官，成为新的蚁后。如果同时出现两只或者两只
以上的蚁后，多余的蚁后就会带领一部分工蚁离开
"老家"，筑建"新家"。

 ## 建筑专家

　　蚂蚁是杰出的建筑专家，一般把巢穴建在地
下，地上只能见到一个火山状的土堆，土堆中间
有一个进出口。蚂蚁的巢穴如同人类生活的城市，
有良好的排水、通风设施，还有整齐的"街道"。"街
道"两旁是不同功能的房间，如孵化房、育婴房等，
其中最大的房间内，住着蚁后。

 ## 畜养"家畜"

　　为了能吃到鲜美的禽肉或畜肉，人类开办了很多养
殖场，请专人饲养一些家禽或畜畜。蚂蚁效仿人类，也畜养
了很多"家畜"，有蚜虫幼虫、介壳虫幼虫、角蝉幼虫、灰蝶幼虫等。蚂蚁只要见
到这些幼虫，就会将它们抬回巢穴饲养起来。这些幼虫能分泌一种蜜露，这种蜜露
正是蚂蚁最喜欢的食物。

# 扛着叶子前行——切叶蚁

**KANGZHE YEZI QIANXING—QIEYEYI**

**看**，一群小树叶正在前进呢！难道离开大树妈妈的叶子有生命不成？不是的，移动的并非叶子，而是扛着叶子前行的小虫——切叶蚁。切叶蚁并非单一种属的名字，而包括多种咀嚼叶子的蚂蚁，主要生活在美洲地区。

## 钟爱叶子的原因

切叶蚁总爱扛着叶子，是为了避暑，还是为了防身呢？原来，它们是为了吃。切叶蚁并不直接吃树叶，而是将叶子切成小片带到蚁穴里发酵，然后取食在叶子上长出来的蘑菇，所以它们又叫"蘑菇蚁"。切叶蚁是唯一能切割新鲜植物，并用新鲜植物种植食物的昆虫。它们比人类更早掌握了种植技术。

▼切叶蚁

### 千奇百怪

在哥伦比亚一些地方，切叶蚁可以被食用。人们最爱捕捉切叶蚁蚁后，抓到了蚁后后，就把蚁后的脚和翅膀除掉，用香料浸泡后放在陶瓷容器里烤熟。这些食物甚至会作为产品销售到加拿大、英国和日本。

## 加工食物有妙招儿

切叶蚁的食物加工过程很有趣。体型中等的工蚁离开巢去搜索植物叶子，找到后，通过尾部的快速振动使牙齿产生电锯般的震动，把叶子切下新月形的一片来。同时，它们发出信号，招来其他工蚁加入锯叶的行列中。切下叶子的工蚁就背着劳动成果回到蚁穴去。

较小的工蚁再把叶子切成小块，磨成浆状，然后把粪便浇在上面。其他工蚁在另一间洞穴里把肥沃的叶浆粘贴在一层干燥的叶子上，还有的工蚁从老洞穴里把真菌一点儿一点儿移过来，种植在叶浆上。真菌在上面像雾一样扩散。

切叶蚁把真菌悬挂在洞穴顶上，并用毛虫的粪便来"施肥"。它们对真菌园的管理十分认真，担任警卫工作的兵蚁不敢离开一步。

## 分工明确

在成熟的切叶蚁群体里面，不同体形的成员要做不同的工作。个子最小的成员一般充当工蚁，工作是照顾卵、幼虫和菌圃。稍大一些的数量最多，负责保卫收集的食物，遇到敌人攻击时，冲在抵抗的最前线。中型蚁是收集蚁的主力，它们切开叶子并搬运叶子碎片回巢穴。大型蚁通常是兵蚁，工作是保卫巢穴，与敌人战斗，有时也参与其他活动，如清理搬运食物的道路。

# 流浪的"吉卜赛蚁"——行军蚁

**在**文学作品和影视作品中，经常会出现拿着水晶球的吉卜赛人，他们神秘、热情、洒脱、奔放，终生流浪，从不停下追寻自由的脚步。久而久之，"吉卜赛人"就成为流浪、自由的象征。在蚂蚁王国中，也有这么一群"吉卜赛蚁"，它们就是行军蚁。

## 不愿停下脚步的行军蚁

行军蚁是一种迁移性蚂蚁，没有固定的巢穴，一个行军蚁群体有 200 万只左右蚁。它们呈黄褐色或栗褐色，腹部颜色较胸部淡；头部略方，顶着长长的触角；大型工蚁无复眼。行军蚁群体中也分蚁后、雄蚁、工蚁、兵蚁 4 个品级。蚁后负责生宝宝，雄蚁负责交配，工蚁负责照顾蚁群，兵蚁负责打仗。

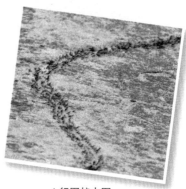

▲行军蚁大军

## 团队狩猎

行军蚁非常团结，捕猎时，它们会在领头蚁的带领下以纵队追逐猎物，或以横队包围猎物。一旦猎物进入它们的狩猎范围，它们就会蜂拥而上，用尖利的颚紧紧咬住猎物。几只行军蚁并不可怕，但密密麻麻的行军蚁一齐咬住一个猎物，那猎物就几乎没有逃脱的可能了。而且，行军蚁的唾液有毒，具有麻醉作用，会让猎物无法动弹。

蟋蟀、蚱蜢、老鼠，甚至野牛，都是行军蚁的美食。

## 不怕牺牲

行军蚁是一种具有奉献精神的昆虫。夜幕降临，气温变低，工蚁就互相咬在一起，形成一个球形的网，将兵蚁、小蚂蚁、蚁后围在里面。球网内温暖如春，球网外寒冷异常，很多工蚁可能被冻死，但它们毫不畏惧。

遇到水沟，部队前进受阻时，工蚁就立刻咬成数个团，"叽里咕噜"地滚进水里，甘当大部队过河的"垫脚石"。很多工蚁都被冲走或淹死了，但它们毫不退缩。

▶行军蚁巢穴

▲幼蚁

## 独特的繁殖方式

行军蚁一直行走在前进的路上，没有一个安稳的环境给蚁后做产房，蚁后可怎么生小宝宝哇？别着急，行军蚁每隔两三周，就会休息一次，蚁后就在这个空当抓紧时间产卵。一只蚁后一次能产下约25万粒卵，其中约有6粒卵能发育成新的蚁后，约有1000粒卵能发育成雄蚁。

有趣的是，雄蚁长大后会飞到别的蚁群里找蚁后交配，从而避免和同一个蚁群内的蚁后"近亲结婚"。

# 咬人最疼的昆虫——子弹蚁

**很**多人都有过被蜜蜂或其他昆虫叮咬的经历，不过幸运的是，我们大多数人都没有感受过被子弹蚁叮咬的疼痛。下面我们就来了解一下让人痛不欲生的子弹蚁吧。

## 最威风的蚁

子弹蚁现存仅有一种，主要分布在亚马逊地区的雨林中，外貌与黄蜂的祖先非常相似。它们是世界上体形最大的蚁类之一，约3厘米长，拥有强壮有力的上颚和厉害的尾刺，受到惊吓后，会跳跃着逃跑，样子十分滑稽。

子弹蚁喜欢在植物的根部筑巢，同沙漠蛛蜂一样，喜欢独自觅食，主要捕食昆虫和小型的蛙类。

## 子弹蚁的克星

俗话说："卤水点豆腐，一物降一物。"这话用在子弹蚁身上真是再合适不过了。它们能捕获比自己体型大很多倍的蛙，但面对比自己小很多的驼背蝇时往往手足无措。可以说，子弹蚁遇到驼背蝇，就等于接到了死亡通知单。

驼背蝇又叫蚤蝇，是一种寄生蝇，因为背部隆得高高的，故而得名。它们见到子弹蚁后，便会千方百计地落在对方身上，然后产卵。子弹蚁当然不会乖乖就范，又是施毒，又是舞动大钳子。可惜驼背蝇有一种专门应付子弹蚁毒的解药，而且子弹蚁的钳子又大又重，根本威胁不到对手。所以结果往往是子弹蚁被迫接受驼背蝇的卵。等这些卵孵化后，子弹蚁就成了敌人的美餐。

## 咬人有多疼

美国昆虫学家贾斯丁·斯密特为了测定昆虫叮咬带来的疼痛度的高低，用自己的身体测试了150种昆虫叮咬的疼痛度，然后给出了排名。其中，高居首位的就是子弹蚁。

贾斯丁·斯密特被子弹蚁叮咬后，做出了这样的描述："这种痛楚能令人忘记一切，能带给人一浪高过一浪的炙烤、抽搐，更可怕的是，痛楚可以持续24小时而不会有任何减弱。"

辛辛那提动物园无脊椎动物、爬行动物和两栖动物馆馆长兰迪·摩根马说："我曾被子弹蚁叮咬过，我感觉与被其他毒虫咬相比，那种痛感是最剧烈的。它能持续24个小时，我感觉好像有人一直用棒球棍重重地击打我，那种疼痛深入骨髓，令人难以忍受。"

不过庆幸的是，虽然子弹蚁的叮咬会给人带来难以忍受的剧痛，但不会给人留下永久性的损伤。

### 千奇百怪

在亚马逊土著的成年礼中，子弹蚁会被织进袖子里给男孩儿穿上。参加成年礼的男孩儿必须忍受这种剧痛，象征自己已经变成真正的男人。

# 遭人唾弃的蚁——小黄家蚁

**俗**话说"人小鬼大"，这个词用在小黄家蚁身上实在是再合适不过了。别看它们一般只有两三毫米长，但它们的名气可大了。瑞典博物学家卡尔·林奈给它们起了一个响亮的名字——法老蚁，原因是这些小家伙的破坏力令人咋舌。

##  小黄家蚁的特征

小黄家蚁的工蚁体长 2.2 ~ 2.4 毫米，呈浅黄色或浅黄褐色，有时带红色。和蚂蚁一样，小黄家蚁也过着群居生活。蚁后等级最高，能活十几或几十年；雄蚁负责与蚁后交配；工蚁十分勤劳，负责筑巢、觅食、搬运食物、照顾宝宝等；兵蚁负责保卫家园、对抗敌人。

小黄家蚁对气味很敏感，很轻微的味道都能嗅到。为了寻找食物，它们不惜跋涉几百米，克服重重障碍。

##  小黄家蚁的五宗罪

第一宗罪：偷盗。它们喜欢住在人类的房屋中，常常偷吃人类的糖、蛋糕、肉等。

第二宗罪：携带病菌。它们有一个令人恶心的癖好，即在有传染性的物体上爬行，这样它们的身体会携带上病菌，从而引发疾病。当然，病的是人类和其他生物，它们安然无恙。

第三宗罪：咬人。在寻找食物或者干其他事情时，如果看到了人类，它们会顺便叮咬几口，从而使人体起红斑、疼痛、奇痒。最可恶的是，它们尤其爱叮咬婴儿娇嫩的皮肤。

第四宗罪：繁殖力太强。每个巢中有数只蚁后，每只蚁后一年中平均可产卵3500粒，所以如果在一栋房子发现一个小黄家蚁蚁巢的话，就证明屋子里有几万只

▼小黄家蚁

小黄家蚁。

　　第五宗罪：爱扎堆。一般来说，一个居民楼中有一户发现了小黄家蚁，整栋楼就会陆续发现其他同党。一只蚂蚁发现了美食，同党们便蜂拥而至。

 ## 与人类的拉锯战

　　小黄家蚁所犯的罪行，简直罄竹难书。各国科学家为了消灭它们，绞尽脑汁，遗憾的是，问题一直没有解决。

　　一些人建议用杀虫剂。可是杀虫剂只能消灭部分工蚁，对那些躲在巢穴里的蚁后和幼蚁却无能为力。

　　一些人建议用开水喷蚁巢。然而小黄家蚁狡猾得很，它们把巢藏得严严实实，比如建在通风口、细墙缝等偏僻的地方，很难被发现。更气人的是，即使你幸运地找到了一个巢穴并一举消灭，也算不上什么成功，因为房屋里往往不止这一个。

　　一些人建议：那就下毒吧。这样可以让外出的小黄家蚁把毒饵带回巢穴，从而导致整个家族遭殃。不过，这种方法太耗时间了。

　　这也不行，那也不行，干脆用放射物赶走或消灭小坏蛋吧。的确，所有的蚂蚁都不喜欢放射地带，哪怕辐射度有一点儿提高，它们也会马上搬家。但问题是，放射物对人体的伤害也很大，为了消灭蚂蚁，我们以慢性自杀为代价，实在是得不偿失呀！

　　看来，我们只能指望科学家们再努努力，早日找到消灭小黄家蚁的好方法了。

# 攻击速度最快的动物——大齿猛蚁

**大**齿猛蚁，顾名思义，"牙齿"发达，
性情凶猛。此外，它们奔跑速度极
快，令敌人闻风丧胆。

▲大齿猛蚁

##  爱热闹、爱群居的懒汉

　　大齿猛蚁又叫诱捕颚蚁，群居生活，
一个家族一般由蚁后、雄蚁和工蚁组成。蚁巢多数在地下、石下或地上，由细枝、
沙或砾石筑成。它们喜欢炎热的气候，所以在热带和亚热带地区很常见，在我国很
少见。

## 攻击速度最快

　　据称，大齿猛蚁是地球上攻击速度最快的动物。小小的蚁为什么能有如此大的
本事呢？

　　研究发现，大齿猛蚁合嘴咬住猎物所用的时间平均为 0.13 毫秒，比人类眨眼
速度快 2300 倍。用大齿猛蚁上下颚之间的距离与闭合
所用的时间来计算，可得出其速度相当于每小时
125 ～ 233 千米。

　　大齿猛蚁不仅速度奇快，咬合力也非
常大。虽然这种蚁的体重不过 12.1 ～ 14.9
毫克而已，但它们每合一次嘴，上下颚的
咬合力能达到其体重的 300 倍。

　　攻击速度这么快，力气又这么大，
猎物们可倒霉了。不过大齿猛蚁也不是
常胜将军，偶尔也会有行动敏捷的小昆虫
侥幸逃生。

## 神奇的"逃生跳"

　　大齿猛蚁的嘴巴不仅是超强的捕猎工具，还是神奇的逃生秘器呢。当大齿猛蚁合上嘴、撞击地面时，产生的力量能把0.8厘米的身体带至8厘米"高空"，并落在40厘米以外的安全地带。这相当于一个身高1.67米的人跳高13米，然后在40米外落地。

　　有人把这个原理比喻为拉弓。即在强有力的头部肌肉的带动下，蚁嘴张得很大。积蓄一定力量后，上下颌以极快速度闭合，释放出很大冲力，大齿猛蚁就这么弹到空中。

　　那么，跳得这么高，落在地上岂不是会"骨折"？不必担心，大齿猛蚁一点儿伤都不会有。"着陆"后，它们通常打一个滚儿，然后继续前行。有时，它们还会在"飞行"过程中抓一些东西"垫背"。

## 家族明星

　　环纹大齿猛蚁主要分布在我国广西、云南等地的热带和亚热带地区。它们的脑袋细长，身体呈红褐色，喜欢在土中筑巢，生活在阴凉潮湿的地方，主要吃小昆虫或树浆。它们长着钳子一般的大齿，闭合的速度甚至超过子弹出膛时的速度。闭合时，有时会发出"啪"的声音，将猎物击晕，然后卷起腹部，将毒刺刺入猎物的身体。

　　山大齿猛蚁主要分布于我国的北京、上海、浙江、湖北、湖南、四川、福建、海南、云南等地，身体呈褐黄色或黑褐色，上颚、触角和足的颜色比较淡。观察这种昆虫时，要小心它们腹部末端的螯针，人被蜇刺后会明显感到疼痛，不过危害性不大。

# 昆虫研究室
## ——社会性昆虫

**大**多数昆虫都爱独来独往，自己寻找食物，自己保护自己。有些种类的昆虫却愿意和同类生活在一起，相互协作，在集体的羽翼下生活，这类昆虫叫社会性昆虫。常见的社会性昆虫有蚂蚁、蜜蜂、黄蜂、白蚁等。下面，就让我们看看社会性昆虫有哪些与众不同之处吧。

## 集体劳动者

《伊索寓言》中有这样一则故事：夏天的早晨，蚂蚁们早早起床劳动，一个偷懒的都没有。而蟋蟀呢，不是在树荫下睡觉，就是在草丛里唱歌，从来不想冬天的事。当冬天来临的时候，勤劳的蚂蚁依靠充足的食物度过了一个悠闲的冬天，而懒惰的蟋蟀却在寒风中饿死了。

故事中的蚂蚁就属于社会性昆虫，它们比较勤劳，和父母、孩子、兄弟、姐妹生活在一起，大家共同劳动，共同渡过难关。

要说明的是，蜂、蚁中社会性昆虫虽有很多，但也有不少种类喜欢独自生活。

## 分工明确，各司其职

　　除了集体生活，社会性昆虫的另一个显著特点就是家庭成员之间有着明确的分工。一个社会性昆虫集体中，一般有一个雌性王虫，是集体的总指挥，负责繁育后代；少量雄虫，生存的意义就是与雌性王虫交配，以保证雌性王虫能产下后代，它们大多在交配后不久就会死掉；大量工虫，负责储备食物、抚养后代、照顾王虫是集体中最忙碌的一个阶层；一些兵虫，它们负责保卫家园。

## 友爱互助

　　社会性昆虫还非常友爱。在雌性王虫产卵的时候，会有很多工虫围在周围，照顾着王虫和刚产出的卵。剩下的工虫则兵分三路，一路去拓建孵化室和婴儿房，保证卵和幼虫有安身之处；一路去采集更多的食物，因为家族又增添了新成员；一路则担起保卫任务，防止敌人伺机搞破坏。

　　一直以来，人们都对社会性昆虫充满了好奇，不仅因为它们的生活结构与人类的生活结构类似，还因为它们创造了很多让人类借鉴的成果。如一只蚂蚁能举起比自身体重重数百倍的东西，这促使人们积极研究蚂蚁力气大的原因，并将成果应用到生活中。随着科技的进步，社会性昆虫的秘密将会被逐步揭开。

# 7

第七章

# 蝶蛾王国

# 最美的昆虫——蝴蝶

**>>> ZUIMEI DE KUNCHONG—HUDIE**

如果要评选世界上最美丽的昆虫，估计所有人都会为蝴蝶投上一票。当蝴蝶张开美丽的翅膀，轻颤着柔弱的触角，在花间轻盈起舞时，连花朵都不好意思地低下了头。

## 蝴蝶的外形

蝴蝶属于鳞翅目昆虫，除了南极洲外，几乎分布在世界各个角落。蝴蝶的两只复眼圆滚滚的；棒状的触角如同小天线，支在头顶上；长长的嘴巴只在吮吸花蜜的时候才伸出来，平时都卷起来；6条细长的足，支撑着纤细的身躯；身躯上长着美丽的翅膀。

## 最美的器官

蝴蝶的翅膀阔大、色彩斑斓，飞舞时上下扇动；静止时收拢，立在背上。无论是动还是静，蝴蝶的翅膀都能给人们带来美的享受。

蝴蝶的翅膀上覆盖着细小的鳞片。这些鳞片排列组合起来，形成彩色的图案，仿佛给蝴蝶穿上了好看的纱裙。这件"纱裙"因富含脂肪，还不怕雨淋呢。不同种类的蝴蝶，翅膀的颜色、图案都不一样。

## 蝴蝶的一生

　　蝴蝶是完全变态昆虫，一生要经历卵、幼虫、蛹、成虫4个阶段。

　　蝴蝶的卵不大，在植物叶子上常常能看到，这些呈圆形或椭圆形的卵外面裹着一层蜡质外壳，能锁住卵内的水分。蝴蝶的幼虫和爸爸妈妈长得一点儿也不一样，大多是肉虫，少数是毛毛虫。经过几次蜕皮后，幼虫就会选择一个安全的地方，大多是植物叶子的背面，然后吐丝，将自己悬挂在叶下，直接化蛹，无茧。蛹成熟后，蝴蝶成虫就会破蛹而出。刚钻出来的成虫还很虚弱，翅膀湿漉漉、软塌塌的，根本飞不起来，要经过一段时间的干燥、硬化才行。这是蝴蝶最脆弱的时候，它们一点儿自保能力都没有。当翅膀完全舒展开后，蝴蝶就可以翩翩起舞了。

　　虽然蝴蝶的宝宝们很多都是害虫，但长大变成成虫后，心灵也随着外表变美了。成虫大多吸食花蜜，是传花授粉的好手，受到人类的热烈欢迎。

225

# 蝶中大个子——凤蝶

▶▶ DIE ZHONG DAGEZI—FENGDIE

**全**世界有上万种蝴蝶，不同种类的蝴蝶有不同的美：有的端庄优雅；有的灵动活泼……根本无法确定哪一种类的蝴蝶是最美的。不过，我们可以确定哪一种类的体型是最大的，那就是凤蝶。

## 美丽的蝶中"巨人"

凤蝶是鳞翅目凤蝶科蝶类的总称，一般为大型昆虫。

▲金凤蝶

凤蝶的翅膀炫目多彩，大多在黑、白、黄的底色上，装饰着红、蓝、绿等色彩的斑纹或者斑块。某些种类，如金斑喙凤蝶，翅膀上还带有灿烂的金属光泽。大部分凤蝶的后翅生有修长的尾突，以燕凤蝶最为突出。

除两极外，凤蝶的足迹遍布世界的每个角落。不过，大多时候，它们都生活在比较温暖的地方，如我国云南地区。在清冷的早晨和宁静的黄昏，我们经常能见到凤蝶穿行于花间。

## 挑食的幼虫

凤蝶的幼虫非常挑食，除了芸香科植物的叶子，其他植物的叶子基本都不吃，偶有几个种类会食用樟科、伞形科、马兜铃科等植物的叶子。为了满足宝宝挑食的嘴巴，凤蝶妈妈练就了一身高超的本领，能一边飞行一边探测周围的环境，发现合适的植物，就会落下来，用能分辨气味的前足摸呀摸，一旦确定此植物是芸香科的，就立即将卵产在叶子上。如果发现此植物气味不对，凤蝶妈妈会毫不犹豫地离开，继续下一轮探索。

▲曙凤蝶

## 凶残而又聪明

　　凤蝶属于完全变态昆虫，卵圆圆的，常见于芸香科植物的新芽、嫩叶、叶柄或嫩枝上。幼虫孵化后，就会不断取食植物的器官。如果食物不够，它们甚至会吃掉一起出生的兄弟姐妹。

　　凤蝶的幼虫长得有点儿丑，刚出生时体表光滑，好像一坨鸟粪；一些稍微好看一些，体表呈鲜艳的绿色，并带有红色、蓝色或者黑色的警戒色。受到惊扰或威胁时，幼虫会散发臭气自卫。

　　凤蝶的幼虫非常聪明，化蛹时会远离寄主植物，并伪装成枯叶或者树枝。因为蛹期它们很脆弱，如果仍留在寄主植物周围，就会被天敌毫不留情地吃掉。凤蝶破蛹还挑时辰呢，大多选择在湿度较高的早晨，以避免翅膀快速干枯，影响飞行能力。

▲麝凤蝶

▲玉带凤蝶幼虫

◀曙凤蝶蛹

## 蝴蝶之王

亚历山大女皇鸟翼凤蝶是世界上最大的蝴蝶，堪称"蝴蝶之王"。它们对环境很挑剔，只生活在新几内亚岛东部，十分珍稀，属于濒临灭绝的物种。雌蝶翅展可达 31 厘米，翅膀呈褐色，有白色斑纹，身体呈乳白色，胸部局部有红色的绒毛。雄蝶较为细小，翅膀也呈褐色，有美丽的斑纹，腹部呈鲜黄色，有自己的地盘，常常会为保护领地而战斗。

这种凤蝶喜欢生活在茂密的热带雨林中，在早上或黄昏时最活跃。和其他蝴蝶相比，它们飞得更高，在寻找食物或产卵时会降落到距地面几米高的地方。它们爱吃花蜜，也吃大木林蛛，甚至还吃一些小型的鸟。

▲亚历山大女皇鸟翼凤蝶

## 其他种类

天堂凤蝶又叫琉璃凤蝶、英雄凤蝶，是澳大利亚的国宝。它们身形优雅，翅形优美而巨大，全身黑天鹅绒质的底上闪烁着蓝色的光泽，谁见了都会为其倾倒。

如果你看见一只蝴蝶身上带着荧光，正在优美地滑翔，但是速度不快，那它很可能是荧光裳凤蝶。这种蝴蝶的特征是：成虫的后翅在逆光时会闪现出珍珠般的光泽。

曙凤蝶多生活在山区。雄蝶翅膀正面黑得发亮，后翅背面下半部有红色大斑；雌蝶的翅膀背面下半部也有红色大斑，但颜色稍浅。

▼天堂凤蝶

# 抗打击的蝴蝶——斑蝶

KANG DAJI DE HUDIE—BANDIE

斑蝶体型较大，常穿着以黑、白色为基调的"外衣""外衣"上饰有白、红、黑、青、蓝等色彩的斑纹，部分种类具有灿烂耀目的紫蓝色金属光泽。

## 主要特点

斑蝶喜欢在日光下活动，飞行缓慢。很多种类具有难闻的气味，能避免鸟类及其他食肉昆虫的袭击。它们的身体和翅膀都比较结实有力，它们的头、胸受到挤压或打击后，存活时间比其他类型的蝴蝶长。

## 黑脉金斑蝶

黑脉金斑蝶又称"帝王斑蝶""君主斑蝶"。黑脉金斑蝶的个头儿虽不是最大的，但它们的本领可一点儿都不差。它们是地球上唯一的迁徙性蝴蝶。北美洲的一些黑脉金斑蝶会于8月至初霜时节向南迁徙，并于春天向北回归，它们生活在澳大利亚的同族也会定期迁徙。

除了能迁徙，它们还有毒。它们在幼虫时期啃食一种叫马利筋的有毒植物，让毒素在身体里不断累积。当长成成虫时，毒素已经遍及翅膀和腹部。不知情的鸟类吃下它们会立即中毒，甚至死掉。不过也有很多鸟，如白头翁、蓝头松鸦等，会撕掉它们的翅膀和腹部，然后吃下没毒的部分。

◀黑脉金斑蝶

◀青斑蝶

# 蝶中仙子——蛱蝶

**蛱**蝶属于中大型的蝴蝶，不同的种类，颜色有很大差别：赤蛱蝶、孔雀蛱蝶和豹纹蛱蝶等颜色亮丽，丝纹蛱蝶、枯叶蝶等颜色暗淡。

## 6 条腿的"两面派"

蛱蝶有个别称叫"四足蝶"，因为它们看上去只有 4 条腿，很多人因此不承认它们是昆虫。蛱蝶感到非常委屈，因为它们也有 6 条腿，只是 2 条前腿高度退化，基本看不见而已。

不同种类的蛱蝶，模样也不同，有的大、有的小；有的同时拥有 3 种以上的色彩，有的颜色非常单一。不过，蛱蝶的翅膀有一个共同的特征：正面色彩较亮丽，背面色彩更暗淡，是标准的"两面派"。翅膀背面暗淡的色彩，是蛱蝶的一种自卫手段。蛱蝶休息时，翅膀紧收竖立，藏起正面，露出背面，瞬间隐藏起艳丽的颜色，将自己变得毫不起眼儿，与周围环境融为一体，以躲避天敌搜索的眼睛。

▲孔雀蛱蝶

## 蛱蝶的一生

蛱蝶妈妈在产卵前，会仔细挑选一株丰美多汁的植物，然后将卵产在这株植物

▼线蛱蝶

▼宝蛱蝶

的叶子上。

经过一段时间的孵化，幼虫就出世了。蛱蝶的幼虫一般多刺，头部有分叉的突起物，刚出生时经常聚在一起吃东西，渐渐长大后，出生地周围的植物不够吃了，它们就会分开，去寻找新的食物源。

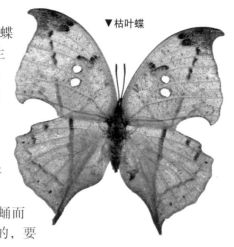
▼枯叶蝶

当幼虫储备了足够的能量后，就开始化蛹。蛱蝶的蛹一般都是头朝下、尾朝上挂在植物的叶片下面的，一阵微风吹来，就会晃啊晃，好像挂在屋檐下的小灯笼。

在蛹中完成身体转化后，蛱蝶成虫就会破蛹而出。刚出蛹的蛱蝶是脆弱的，翅膀微湿，软软的，要晾干后才能飞行。

## 蛱蝶明星

在嘴尖爪利的鸟面前，柔弱的蝴蝶简直不堪一击。不过，大多数孔雀蛱蝶都能逃过鸟的追捕，它们的秘密武器就在翅膀上。孔雀蛱蝶的4只翅膀上各有一个巨大的眼斑，仿佛大型猛禽的眼睛，闪着狠戾的光芒，很多小鸟来不及细看，就被吓跑了。

丧服蛱蝶的翅膀主体是红褐色的，边缘为白色或黄色。人们根据其形态及颜色给它们取了这个晦气的名字。

枯叶蝶是蝴蝶中最厉害的拟态高手。当它们停落在没有叶子的树干上时，就与真的枯叶一模一样，甚至连叶子上的霉斑、蛀孔，也能模仿得惟妙惟肖。

▼螯蛱蝶

▼绢蛱蝶

# 蛱蝶的亲戚——珍蝶

**在**蝴蝶王国中，珍蝶有很多亲戚。之前它们是蛱蝶家族的成员，后来才被分出去。此外，它们似乎跟斑蝶也有血缘关系，成虫长得和斑蝶很像。所以人们又称珍碟科为斑蛱蝶科。

##  珍蝶哪里寻

小小的珍蝶对环境要求挺高的，它们主要生活在南美洲和非洲，有少数种类能在大洋洲看到。在中国，想寻觅珍蝶的身影可不像寻觅凤蝶那么容易，因为中国已知的珍碟只有1属2种，即苎麻珍蝶和斑珍蝶。

◀珍蝶

## 长什么样

珍蝶的块头一般都不大，前面的翅膀又窄又长，后面的翅膀相对要短，腹部细长，前足退化，中后足的爪不对称。它们的翅膀大多数是红色、褐色或黄色的。一些种类的翅膀边缘常常排列着其他颜色的斑纹，好似漂亮的裙摆镶边。一些种类的

翅膀竟然是透明的，还有的种类身体有金属光泽。

更有趣的是，雌性珍碟还会变身。它们交尾后，腹部末端会长出三角形的臀套。

珍蝶的卵细长，卵面上长着 10 余条隆线。幼虫身体上有很多小刺。蛹是圆锥形的，头胸部背面有小突起，总是悬挂在植物上。

## 喜欢模仿

珍蝶都是慢性子，飞行的时候慢悠悠的，一点儿也不慌乱。它们和斑蝶有着不解之缘，不仅外表长得像，习性也相似，比如它们也有迁徙的习惯，也爱成群地落在小树上休息。

虽然珍蝶不是模仿斑蝶，就是模仿蛱蝶，但它们身上也有被其他蝴蝶所羡慕并争相模仿的地方。原来，珍蝶是保命行家，当遇到敌人时，珍蝶能从胸部分泌出有臭味的黄色汁液，这常常让敌人胃口大减，甚至落荒而逃。

我们知道，荨麻上面长着很多小毒刺，人稍稍一碰，就麻痒难忍。不过珍蝶很奇特，它们偏偏就喜欢在荨麻植物上产卵，给宝宝安家。

不同地区的珍蝶，习性也不一样，尤其是在吃的方面。非洲的种类比较挑食，主要吃西番莲植物。南美洲的种类则胃口很好，几乎所有植物都能成为它们的美食。

## 定居中国的种类

斑珍蝶的翅膀是棕色的，上面有黑色的斑纹。前翅外缘中上部有浅黑带，中室内有 2 个横斑，中室外 4 个斑排成 1 列，中室下方有 3 个斑；后翅外缘带宽，内侧呈锯齿状，带中央有 1 列淡棕色圆点，翅面散生小黑斑。

苎麻珍蝶的翅膀是橙黄色或褐色的，边缘有宽的黑色带，黑色带外缘是锯齿形的。苎麻珍蝶很惹人厌，它们的幼虫喜欢聚集在一起吃荨麻的叶肉，常常弄得荨麻千疮百孔。除了荨麻，苎麻珍蝶幼虫还爱折腾苎麻、醉鱼草、茶树等植物。

# 大翅膀拖着小身板——环蝶

阳光照在森林里，暖洋洋的，几只粉蝶正在花丛中翩翩起舞。而在高高的树木顶端，竟然飞着几只像鸟一样的蝴蝶，它们叫环蝶，这种蝴蝶极少飞近地面。

不过，并不是所有环蝶都在高树上生活，喜欢在花草丛中流连的也不少。

◀环蝶

## 雄性更美丽

环蝶的翅膀很大，身体很小，翅膀上常有圆形的斑纹，故而得名。它们似乎不喜欢艳俗的色彩，所以打扮得很朴素，颜色多为黄褐色或灰褐色，色彩多数暗而不艳，少数种类具有蓝色斑纹。

然而，朴素并不代表丑陋。就拿雄环蝶来说吧，它们翅上的鳞片有微细的嵴，可分解并反射光线，从而使某些种类的翅膀呈现出虹彩光泽的蓝色。相比之下，雌环蝶模样就没这么耀眼了，尽管它们的翅膀更宽，但颜色很暗。

## 蝶中小家族

在蝴蝶王国中，环蝶远称不上大家族。根据记载，全世界约有 80 种环蝶，中国有 10 多种，广东是环蝶的福地，有 9 种。

环蝶大多生活在野外的密林、草丛或阴湿的环境里。一般在早晨或黄昏时更容易看到它们的身影。

环蝶幼虫身体上长了很多毛，以植物为食。这些小家伙是优秀的织工，常织成一个公用的网，然后待在里面生活、化蛹。

## 环蝶中的明星

箭环蝶又叫路易箭环蝶，身体呈褐黄色，前翅正面翅尖部颜色淡白，前后翅周边有一圈黑斑，翅的腹面中部有一纵列红褐色圆形斑。雌蝶翅膀上的斑纹比雄蝶的更大、颜色更深。

箭环蝶是森林的精灵，常常在树荫、竹丛中穿梭飞行，有时候上百只聚集在一起。它们浩大的声势既能形成一道美景，又能令人心生恐惧。因为成虫密集说

▲箭环蝶

明幼虫也不少，而其幼虫是有名的贪吃鬼，能将整条沟谷的树叶吃光。

彩蓝斑环蝶的身体和翅膀都是深褐色的。翅圆形，正面中央有大块彩蓝色斑纹，反面外缘形成浅色带，后翅浅色带内上、下各有一个月食形斑纹。这种蝴蝶无论是观赏价值还是收藏价值都很高。

斜带环蝶有"丛林之王"的美誉，十分珍贵。它们的翅面底色为深褐色，前翅中间位置有宽大的黄色斜带，顶角有小白斑，背面有两个圆形大眼斑。

串珠环蝶全身呈棕褐色，前翅外端呈浅黄色，后翅正面中部有若干不明显的圆斑点排成一列，仿佛一串黄色珍珠，故而得名。

### 千奇百怪

某些环蝶是"毒虫"，身上的毒毛能让人的皮肤发疹。但这些种类在南美洲很受欢迎，尤其是在珠宝行业。当地人也将其用在灯罩、图片及镶嵌托盘上当装饰品。

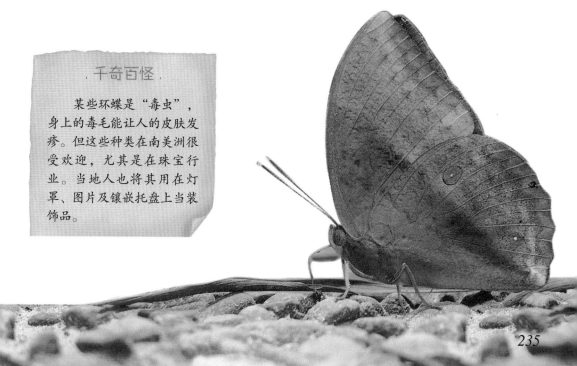

# 闪闪发光的精灵——闪蝶

SHANSHAN FAGUANG DE JINGLING—SHANDIE

在蝴蝶王国中，闪蝶科是一个小家族，只有几十种，多分布在南美洲热带雨林地区，少数分布在北美洲南部。尽管"人丁单薄"，闪蝶却很有名气。

## 蝶中维纳斯

如果在蝴蝶王国选美的话，闪蝶一定是最有实力的选手之一。要知道，它们的学名来自希腊语，是美神维纳斯的名字，由此可见它们有多美丽。在任何博物馆或蝴蝶展览厅里，闪蝶都是人们关注的焦点。

闪蝶属于大型蝴蝶，最小的闪蝶翅展有 7.5 厘米左右，最大的则超过 20 厘米，它们的飞翔能力很强，漂亮的翅膀闪耀着蓝色、绿色、紫色的光泽，如梦似幻，宛若精灵。不过并非所有的闪蝶都能闪烁。

## 知名种类

闪蝶科中比较著名的品种有海伦娜闪蝶、太阳闪蝶、月亮闪蝶、梦幻闪蝶、蓝闪蝶等。

海伦娜闪蝶又叫光明女神闪蝶，被誉为世界上最美丽的蝴蝶，它们的翅膀大而华美，翅膀展开最长可达10厘米。雄蝶比雌蝶漂亮得多，翅膀上闪烁着金属般的蓝色、绿白色或橙褐色光泽，宛若蔚蓝的大海上涌动着朵朵浪花，十分壮观。

▲闪蝶

太阳闪蝶又叫太阳女神，体型很大，最大翅展可达20厘米，整个翅面的色彩和花纹犹似日出东方、朝霞满天，极为绚丽。

月亮闪蝶又叫月亮女神，和太阳闪蝶相反，它们的整个翅面颜色清幽，仿佛月亮的清辉洒遍大地。

## 幼虫也很美

昆虫的幼虫大多很丑，有的肉乎乎的，有的一身乱毛，有的颜色黯淡，而闪蝶的幼虫却很美。它们的身体细长，中部稍大，上面装点着红褐、黄褐、黑褐的明亮斑纹，尾巴上还有叉，尾叉常高高翘起，显得十分高傲。

## 为什么能闪光

为什么很多闪蝶的翅膀能闪光呢？这得归功于它们翅膀独特的结构。

当我们用手捉蝴蝶时，手上会粘一些"粉末"，这些"粉末"其实是蝶翅上的鳞片。闪蝶的鳞片在结构上比一般的蝴蝶复杂得多，是由多层立体的"栅栏"构成的。当光线照射到闪蝶翅膀上时，翅膀会产生折射、反射和绕射等物理现象，进而闪烁出彩虹般的绚丽色彩。

### 你知道吗

闪蝶美丽、神奇，自然很受人类的青睐。然而，随着人类活动的频繁发生以及全球气候的异常变化，这些可爱"精灵"的栖息地正在遭到严重破坏，生存受到严重威胁，一些种类已经濒临灭绝。

# 雌雄同体——皇蛾阴阳蝶

**▶▶ CIXIONG TONGTI—HUANG E YINYANGDIE**

**森**林中，一只小蜥蜴发现了几只蝴蝶正在不远处，它悄悄地靠近蝴蝶，准备大饱口福。谁知，就在离蝴蝶六七米时，它嗅到了一股刺鼻的气味，吓得赶紧掉头跑了。

原来，这几只蝴蝶是皇蛾阴阳蝶，毒性可大啦。

## 外貌特征

皇蛾阴阳蝶最大的特点是：它们双翅的形状、色彩和大小各不相同，看上去像是被拼凑起来的蝴蝶。更离奇的是，它们的一只翅膀是雌性的，另一只翅膀是雄性的，阴阳合一，所以才有了"阴阳蝶"这个名字。

俗话说，物以稀为贵。在蝴蝶王国中，没有谁能比皇蛾阴阳蝶更独特了。皇蛾阴阳蝶是蝴蝶世界里最稀少的一种，据说，在一千万只蝴蝶中才能发现一只。

## 苦恼真不少

尽管能享受独特带来的宠爱，可皇蛾阴阳蝶的苦恼更多。首先，由于两只翅膀的形状不同，它们无法像其他蝴蝶那样自由飞行，只有空羡慕。

第二，它们的生命十分短暂，变成成虫后，只能活6天左右。唉，真是"红颜薄命"啊！幸运的是，它们身上有毒素，能让很多敌人敬而远之，若是不慎中了它们的毒，可能连两天都活不了。

▲皇蛾阴阳蝶

## 雌雄同体

　　蝴蝶王国有那么多成员，为什么皇蛾阴阳蝶可以拥有差别巨大的翅膀呢？科学家也很好奇，所以一直在研究这种小"怪物"。有研究称，由于蝴蝶的性别是由细胞核中的性染色体决定的，若在受精卵早期细胞分裂时，因意外导致一半发育成雄性，一半发育成雌性，这样，一只蝴蝶就会变成一半雄、一半雌的"雌雄嵌合体"，也就是雌雄同体。

# 最珍贵的绢蝶——阿波罗绢蝶

>> ZUI ZHENGUI DE JUANDIE—A BO LUO JUANDIE

**你**知道最早被列入国际保护条约的昆虫是什么吗？没错，答案就是阿波罗绢蝶。此蝶数量稀少，是最早被列入《华盛顿公约》的昆虫，仅分布在我国新疆和欧洲一些地区。

## 蝶中仙子

神话故事中，天上的仙女常常穿着轻纱飞舞。阿波罗绢蝶的翅膀一点儿不比轻纱逊色，绢蝶的名字也由此而来。

▲阿波罗绢蝶

在蝴蝶王国中，阿波罗绢蝶属于中等身材，翅展 50 ~ 80 毫米，双翅薄而轻，前翅较圆，呈白色，翅表有许多黑点、灰白斑，翅尖往往是无鳞透明的。翅膀上的这些斑点的形状、密度及强度常随产地的不同而有所变化，但后翅通常有显著的鲜红色斑点。触角呈灰白色，伴有浅黑色环带。

## 耐寒小勇士

温暖时节，我们常常在花园里、田野中、树林附近看到蝴蝶翩翩起舞。可谁在冰天雪地里见过蝴蝶的踪影呢？估计大家的答案都是否定的。但我们不能因此断定所有的蝴蝶都怕冷，绢蝶就是耐寒小勇士。

和其他绢蝶一样，阿波罗绢蝶个性孤傲，不喜欢去暖和的地方跟其他蝴蝶比美、凑热闹，而是喜欢生活在高山附近。它们常常在雪线上活动，飞翔时紧贴地面，飞行缓慢，好像在悠然自得地赏雪。不幸的是，正因为它们飞得太慢，警惕性太低，所以很容易被捕捉到。

导致阿波罗绢蝶濒危的原因有很多，除了人类的过分采集与贸易，还有酸雨侵袭、城市化加剧等。

## 阿波罗绢蝶的一生

别看阿波罗绢蝶长大后很漂亮，它们小时候可是丑八怪。当它们还是卵时，长得又扁又平，表面上有许多排列整齐的颗粒状的微小突起。幼虫身体比较粗壮，模样凶悍；身披黑色或深蓝色的外衣，衣服上点缀着黄色或红色条纹，还有很多小刺。变成蛹后，身体大约21毫米长，暗褐色，带有光泽，上面覆盖着灰白色的粉末。

当在蛹房子待足时间后，阿波罗绢蝶就会破壳而出。起初它们很娇弱，翅膀湿乎乎的，没法儿飞翔，遇到敌人爬不动也躲不及，所以这一阶段对它们来讲最危险了。当翅膀变干、变硬后，它们就可以自由飞翔，尽情地享用花蜜了。当寒冬将要来临时，它们的生命便走到了尽头。

# 模样似蛾的蝶——弄蝶

>> MUYANG SI E DE DIE—NONGDIE

蝴蝶王国开大会，与会成员个个身姿曼妙。忽然，主持人裳凤蝶看到角落里躲着一只肥胖的蛾子，准备飞过去将其赶走。不过待凑近时，裳凤蝶又改变了主意。原来，这只"胖蛾子"是不折不扣的蝴蝶——弄蝶。

## 似蝶又似蛾

难怪裳凤蝶会看走眼，弄蝶长得实在是太像蛾子了。你瞧，它们个头儿不大，身材短粗且鳞毛密布，前翅三角形，后翅卵圆形，翅膀的颜色多为暗黑色或棕褐色，少数种类为黄色或白色，看上去十分朴素，丝毫没有其他蝴蝶艳丽。

弄蝶的触角棍是棒状的，端部尖细、弯曲如钩，这是它们最典型的特征。

和其他蝴蝶一样，多数弄蝶静止时，前翅都是上举的。但也有些种类，比如玉带弄蝶，休息时偏偏像蛾子一样，将翅膀展开。看来想一下子把弄蝶和蛾子区分开，还真不是一件容易的事呀！

## 生活习性

别看弄蝶身体短粗，可它身手却不凡。成虫飞行时速度快，动作滑稽，好像在急速跳跃一样。由于翅肌发达，它们每小时能飞行约 32 千米，真是不可小觑。

成虫威武，幼虫本领也不差。幼虫以豆类及禾草类植物为食，它们吃东西前，会把叶子切开，继而将叶子卷折成"小屋"，之后便躲在里面享受逍遥的生活。

## 重口味的玉带弄蝶

玉带弄蝶生活在海拔不高的山区，喜欢在花间流连飞舞，比较常见。它们的上翅表面两端有白斑，下翅表面中央有一条宽横带白斑，展翅时有一条白色的横带贯穿翅膀，故而得名。别看玉带弄蝶动作挺优雅，可它们有个习惯却很怪异，那就是吃动物排下的粪便。

▲玉带弄蝶

## 遭人恨的香蕉弄蝶

糟糕，香蕉园里有虫害了！好多香蕉叶都打了卷，叶苞伤痕累累，叶片残缺不全。原来，罪魁祸首是香蕉弄蝶。

香蕉弄蝶分布在我国的江西、福建、台湾、湖南、广东、广西等地，喜欢生活在芭蕉属植物附近。成虫全身呈黑褐色，头、胸部密生褐色鳞片，触角呈黑褐色，近膨大处呈白色，前翅中部有黄色长方形大斑纹 2 个，近外缘有 1 个较小的黄色斑纹，后翅为黑褐色，前后翅缘毛均呈白色。

香蕉弄蝶的幼虫是害虫，幼虫孵化后，就把叶子卷起来，躲在其中，早、晚和阴天时会伸出头吃附近的叶片。农民伯伯恨透了香蕉弄蝶幼虫，便请来赤眼蜂帮忙。赤眼蜂能寄生在蝶卵中，从而将幼虫消灭在萌芽中。

不过香蕉弄蝶也有好的一面，不论成虫还是幼虫，都是不错的中药材。若利用得当，它们能清热解毒、消肿止痛。

### 你知道吗

缰蝶也叫澳洲弄蝶，产于澳大利亚北部，仅1属1种。它们长得很像蛾子，最突出的特征是雄蝶后翅具有翅缰，和前翅的抱缰器相连接，以便在飞行时前后翅保持一致。它们喜访花，常在马缨丹上取食。

# 蝶中小精灵——灰蝶

**▶▶ DIE ZHONG XIAOJINGLING—HUIDIE**

在美丽的蝴蝶种族中，有这样一群小精灵：它们身材小巧，身姿轻盈，喜欢在阳光下起舞，喜欢贴近地面飞行。这群小精灵就是灰蝶。大家千万不要被这个名字给骗了，灰蝶其实有很多种颜色，可漂亮了。下面，就让我们一起来了解一下蝶中小精灵吧。

## 身材小，本领大

灰蝶属于小型蝶，大多数灰蝶的翅展仅2厘米左右，仿佛一阵微风就能将它们吹个跟头似的。绝大多数灰蝶的分布具有很强的地域性，它们对生存环境要求很高，并且对周围环境的变化反应灵敏。一旦所处环境变了，它们就立刻迁移，毫不留恋。因此，在陆地生物多样性保护中，灰蝶种类和数量的变化被作为生态环境监测的一项重要指标。

## 亮丽的外形

灰蝶翅膀的正面常呈红、橙、蓝、绿、紫、翠、古铜等色，并带有微微的光泽，非常好看。更奇特的是，灰蝶翅膀的背面一般都呈灰暗的颜色，并带有暗色斑点或条纹，与正面形成鲜明对比。很多灰蝶的后翅上有眼斑或者斑带，这些是用来吓唬敌人的武器。雄性灰蝶前足退化，翅膀颜色大多比较艳丽；雌性灰蝶前足完好，翅膀色彩较雄蝶暗淡。

## 常见的种类

常见的灰蝶种类有银灰蝶、蓝灰蝶、橙灰蝶、蚜灰蝶、苏铁小灰蝶等。

银灰蝶翅正面多呈银白色，颜色单纯而有光泽，反面的颜色与正面不同；蓝灰蝶翅面呈蓝色，飞行迅速；橙灰蝶尤其喜欢访花，雌性和雄性外貌差别较大；蚜灰蝶又叫棋石灰蝶，幼虫以蚜虫为食，是蝶中幼虫的好榜样；苏铁小灰蝶吃苏铁，是害虫，它们有时会把苏铁的新叶吃个精光。

▼灰蝶幼虫

## 蚂蚁当保镖

灰蝶属于完全变态昆虫，幼虫看起来好像鼻涕虫，身体扁平，一点儿也不好看。

灰蝶幼虫身体软弱，也没有什么防身的武器，一不小心就会被捕食者吃掉。为了能平安长大，它们"雇"了数不清的保镖——蚂蚁。原来，灰蝶幼虫的腺体能分泌出一种蜜露，而这是蚂蚁最爱吃的"糖果"。为了能随时吃到甜滋滋的"糖果"，蚂蚁就主动担负起了保护灰蝶幼虫的任务。

▶橙灰蝶

# 家族庞大的蝶——蚬蝶

"脑袋小，触角长，披着彩衣采花忙。停时姿态酷似蚬，飞时迅速惹人羡。"这首儿歌说的便是蚬蝶。你是不是觉得蚬蝶长得跟灰蝶很像？这就对了，蚬蝶曾经是灰蝶科昆虫，后来才被分出去，成为独立的一族。

## 蚬蝶家族

蚬蝶家族比较庞大，全世界已记载约 1300 种，中国约有 20 多种。

蚬蝶展开双翅，一般长 20 ~ 65 毫米，多数在 40 毫米以下，翅膀的颜色以红、褐、黑为主，饰有白色斑纹，且两对翅膀正反面的颜色和斑纹都对应相似。多数种类无尾状突起，少数种类有尾突。

蚬蝶的卵长得很像微型馒头，"馒头"表面有一些微小的突起。幼虫长着一个大脑袋，浑身生着细毛，又短又扁，酷似灰蝶幼虫。蛹是缢蛹（蛹以腹末臀棘附着于物体上，胸腹部间缠以 1 根丝，蛹体斜立），短粗钝圆，生有短毛，常常寄生在紫金牛科、禾亚科、竹亚科植物的枝叶上。

▼蚬蝶

◀无尾蚬蝶

## 热爱阳光的"蚬"

在蝴蝶王国中，没有谁比蚬蝶更喜欢
阳光了。每当天气晴朗之时，它们便在阳光
下肆意飞舞。它们飞行时速度很快，很难被捕
捉到，不过由于体力有限，往往飞不远便
会停下来歇一歇。

大家见过蚬吗？市场或餐桌
上的蚬半张着两扇硬壳，中间鲜
美的肉若隐若现。蚬蝶休息时，就常常半舒展着4
只翅膀，模样像极了蚬，因此人们才给它们起了这
个名字。

蚬蝶是爱运动的小虫，很多种类即使在花、叶
上休息时，也不得闲。一会儿转身朝这边看看，一
会儿转身朝那边瞧瞧，好像在寻找更舒服的休息场
所，又好像在观察周围的环境，以防敌人突然来袭。

## 蝶中乐师——七弦琴蚬蝶

七弦琴蚬蝶是一种头小、长触角的蝴蝶，身
姿优雅又美丽，两侧翅膀多为单色，一侧为淡粉
色，一侧为浅蓝色，腹部嫣红，翅膀花纹为黑色
竖纹，飞翔时暗纹抖动，色泽雅致，很像中国古
老乐器——七弦琴，故被我国学者命名为"七弦
琴蚬蝶"。

七弦琴蚬蝶不光长得像乐器，它们的习性
也像。首先，翅膀摆动起来恍如琴弦在颤动，其
次，据说此蝶天生具有节奏感，遇见自己喜欢的
音乐，就会随之翩翩起舞。

### 千奇百怪

蝴蝶中，有一些种类的
翅膀竟然是透明的。这些蝴
蝶主要分布在美洲的巴拿马
到墨西哥之间。它们的翅膀
薄膜上没有鳞片，所以可以
轻易地"隐身"，令敌人难
以觉察。

## 深谷精灵——白带褐蚬蝶

这种蝴蝶的翅膀底色为褐色，前翅中间有一条白色的斜带条纹；翅膀边缘有白
色的细毛。这种蝴蝶雌雄异形，雄蝶较小，前翅外缘直；雌蝶较大，前翅外缘呈圆
弧状。成虫平时栖息在深山大沟和阴湿的山谷中，待够了就去阳光下飞舞一阵。

7月时节，在四川峨眉山报国寺附近可以见到这种蝴蝶。

# 有护身符的蝶——眼蝶

一只饥肠辘辘的小鸟看见远处的花丛中隐约停着一只蝴蝶，这下有东西吃了。当小鸟就要接近那只蝴蝶时，突然看到了蝴蝶翅膀上又圆又大的黑眼睛，在阳光的照射下，闪着凶恶的光芒。吓得小鸟扑腾一下蹿上了天空，逃命去了。其实，这是只眼蝶，小鸟是被眼蝶翅膀上的"假眼"给蒙蔽了。

▲长纹黛眼蝶

## 如何辨认眼蝶

眼蝶属于中小型蝶，幼虫呈褐色或绿色，有小而分叉的尾状附器。成蝶身体细瘦，头小，翅膀通常以灰褐、黑褐色为基调，伴有黑、白色的斑纹。眼蝶的前足退化，呈毛刷状，折在胸下，不能用以行走；雄性的只有1跗节，雌性的4～5跗节，无爪。

眼蝶的触角端部逐渐加粗，不明显。前翅呈圆三角形，中室为闭式，翅展5～6厘米，有较醒目的眼状斑或圆纹。

## 有"假眼"的蝶

眼蝶是一种非常好辨认的蝶，因为在它们的翅膀上，有很多非常醒目的眼状环形斑纹，它也因此而得名。这些眼状斑纹被称为眼蝶的"假眼"。可别小看这些"假眼"，它们可是眼蝶的"护身符"。在"适者生存"的大自然中，这些"假眼"

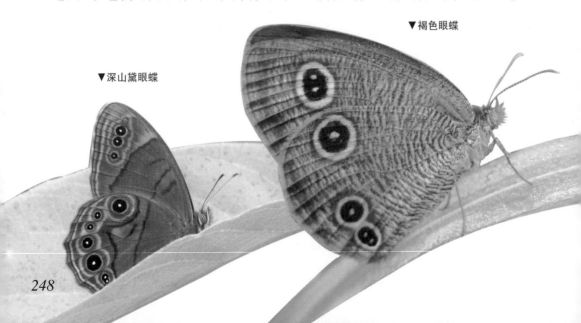

▼褐色眼蝶

▼深山黛眼蝶

▶藏眼蝶

能够帮助眼蝶吓唬或诱惑敌人，使得眼蝶在危急关头化险为夷。

## 眼蝶的种类

眼蝶家族已知的种类约有 3000 个，它们的足迹遍及世界各地。中国已知的有 260 多种，大型的代表有宁眼蝶、白斑眼蝶、彩裳斑眼蝶、凤眼蝶等。颜色较鲜艳的有蓝斑丽眼蝶，闪紫锯眼蝶、蓝穹眼蝶等。眼蝶的寄主植物多为禾本科植物，有的是水稻的重要害虫，少数属食羊齿类植物。

## "贵妇"藏眼蝶

在眼蝶家族中，藏眼蝶总把自己打扮成"贵妇"模样，不信，你去观察观察。藏眼蝶的前翅端半部呈黑色，有斜列的几个淡黄褐色纹路，后翅隐约可见黑色斑纹。翅膀的反面呈灰白色，分布着黑褐色的斑纹，后翅亚外缘有 6 个黑色圆斑。从藏眼蝶"衣着"的整个色彩搭配上看，它们跟雍容华贵的贵妇人有着同样的色彩喜好。藏眼蝶分布于我国河南、宁夏、陕西、甘肃、湖北、西藏等地。

## 生活在高处的多眼蝶

俗话说，站得高望得远。不知道多眼蝶是不是因为这个原因而选择住在海拔较高的地方。多眼蝶成虫多活动在海拔 700 ~ 2000 米的草灌丛中，喜欢停留在树干上，1 年生 1 代，7、8 月繁殖旺盛。多眼蝶翅展 55 ~ 60 毫米，体翅呈暗褐色。雌性个头儿较大，翅色淡，前翅黄色斑纹较雄性清晰。

# 素淡的蝴蝶——粉蝶

**夏**日的午后，天气炎热，很多小昆虫都躲到叶子下面纳凉去了。只有粉蝶，不仅不怕热，还在菜园中、花园里翩翩起舞。

## 主要特征

粉蝶通常为中型或小型，色彩较素淡，一般为白、黄和橙色，并常带有黑色或红色斑块。前翅呈三角形，后翅呈卵圆形。

粉蝶成虫虽然美丽迷人，但是它们的幼虫却为害蔬菜和果树。

▲ 红襟粉蝶

## 菜粉蝶与"不肖子"

菜粉蝶体态轻盈，双翅呈白色，带有黑色斑块或者黑色脉纹，覆有细密鳞片。这些白衣精灵喜欢生活在油菜、白菜、甘蓝、花椰菜、萝卜等十字花科植物的周围，是传花授粉的好手。人们喜欢菜粉蝶，却对它们的幼虫——菜青虫，恨之入骨。菜青虫全身青绿，背部有一条细细的黄线，两侧有小黑点。这种肉乎乎的青虫子能在一天之内，将一棵十字花科植物的叶子啃食得只剩叶脉。

◀ 菜青虫

▼ 菜粉蝶

## 黄粉蝶与幼虫

黄粉蝶双翅嫩黄，姿态优雅，如同一朵飞舞的小黄花，非常美丽。在黄粉蝶家族中，每个种类都有标志性的黄翅膀，翅膀上一般有黑色或者暗灰色斑块。

黄粉蝶幼虫和菜粉蝶幼虫一样，是臭名昭著的农业害虫，主要以豆科和鼠李科植物为寄主，十分贪婪。它们吃呀吃呀，当终于吃不动的时候，就会在植物叶片下化蛹，然后等待化蝶的那一天。

▲ 黄粉蝶

## 其他种类

钩粉蝶在蝴蝶家族中算是比较长寿的，成虫阶段可达 9 ~ 10 个月，其中的大部分时间都在冬眠。雄蝶呈淡黄色，雌蝶略微偏绿。

红襟粉蝶的翅膀大部分是白色的，前翅顶角及脉端为黑色。它们喜欢栖息在湿润的草地、林地、河堤、沟渠、沼泽附近。

报喜斑粉蝶前翅正面是黑色的，后翅正面的翅基为红色；双翅外缘为黑色，散布着白点；臀区为黄色。

▼ 钩粉蝶

▲ 蝶蛹

# 我们和蝴蝶不一样——蛾

WOMEN HE HUDIE BUYIYANG—E

蛾和蝴蝶都有大翅膀和长触角，看起来很像，但仔细观察后，你会发现它们的区别大着呢。

## 腹部不同

蝴蝶的腹部纤细、少毛，且它们体态优雅，身姿轻盈；蛾的腹部短粗、多毛，使它们看起来胖乎乎的，似乎很笨拙的样子。当然，这个区别只是一般性的，凡事总有例外，有的蝴蝶也是小胖子，而有的蛾则体形苗条。

## 翅膀不同

蛾与蝴蝶同属鳞翅目，翅膀比较相像，都分前、后翅，都覆盖着细密的鳞片。不过，蛾的翅膀色彩大多暗淡，不如蝴蝶的亮丽。

蛾翅与蝶翅的不同，主要体现在静止时的姿态上。蛾静止时，双翅平放；蝴蝶静止时，双翅并拢，竖立在背上，露出细长的腹部。

▲蝴蝶　　▲蛾

▼蛾静止时，双翅常平放

▼蛾

## 触角不同

蛾的触角大多是羽毛状的，也有呈丝状或栉状的，羽毛状的触角就像鸟身上最匀称、最轻柔的腹羽。这与蝴蝶的棒状触角有很大不同。

雄蛾的触角是它们寻找伴侣的秘密武器。到了恋爱的季节，雌蛾会释放一种激素，吸引单身的雄蛾。雄蛾通过触角，探测空气中的激素，一旦"嗅"到爱的味道，就会不顾一切地去追寻雌蛾。

▲蛾

▲蝴蝶

### 你知道吗

蛾在夜间飞行时，一般是靠月光等光线来调整方向的。它们始终保持让月光投射到眼睛中固定的部分，这样，只要没有障碍物挡住月光，它们就能依据月光，顺利飞行。当出现火焰等光源时，蛾误以为那是月光，就会绕着这些光源飞行，圈越绕越小。最后，蛾就会把自己绕进火里。

▼长喙天蛾

## 我们长得也不赖

很多人认为蛾没有蝴蝶漂亮，这是不对的。有的蛾足以跟蝴蝶相媲美，甚至有的蛾比蝴蝶还漂亮。

蝶蛾属中大型蛾类，腹部纤细，触角呈棍棒状，翅膀宽大，有白色或橘色的斑纹，前翅通常有伪装色，后翅有亮丽的色彩或者斑斓的金属光泽，非常美丽。蝶蛾也像蝴蝶一样，喜欢在白天活动。

燕蛾是蛾中的明星，它们通常个头儿很大，长着长尾巴，有的种类颜色绚丽，喜欢在白天活动。日落蛾又叫马达加斯加燕蛾，与凤蝶非常相似，主要生活在马达加斯加地区。与其他一些蛾不同，日落蛾翅膀上的虹彩部分并没有色素，其色彩源于能散射光的缎带般的鳞片。

此外，天蛾、大蚕蛾也很美丽。

▶马达加斯加燕蛾

▼青黄枯叶蛾

## 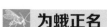 为蛾正名

提起蝴蝶，人们就会竖起大拇指，说出无数赞美之词；提起蛾，人们就会撇撇嘴，露出不屑一顾的样子。同样都是鳞翅目昆虫，人们对待蝴蝶和蛾的态度，却有着天壤之别，这是为什么呢？

也许是因为蛾大多都在夜间出现，悄无声息地盘桓在花丛间、树林里、灌木丛中或者人类居住的地方，看起来鬼鬼祟祟的，因而非常引人反感。

不过蛾也有高大的一面。有的蛾终生热爱光明，敢于追逐理想；有的能产丝，具有无私奉献的精神；还有的喜欢传播花粉，深受植物的喜爱……

# 隐身高手——尺蛾

**YINSHEN GAOSHOU—CHI E**

**有**的尺蛾长得胖乎乎的，看起来笨拙可爱；也有
的身材比较纤长、细弱。它们的翅膀又宽又
薄，一阵微风吹过来，翅膀就会轻轻颤抖。尺蛾
是隐身高手，我们往往走到它们的旁边，也寻不到它们的踪影。

##  样子有点儿像蝶

尺蛾又叫尺蠖蛾，它们的翅膀有的暗淡，有的鲜艳，很多人
都误认为它们是蝴蝶。它们大多在夜间活动，仅有少数几个种类
在白天活动。尺蛾触角多呈丝状，口器发达，雌性和雄性长得很
像，但有些雌性翅膀退化，不能飞行。

▲尺蛾

##  大名鼎鼎的幼虫

尺蛾因它们的幼虫——尺蠖而得名。尺蠖形似小枝或叶柄，是昆虫界的拟态高
手，爬行时，身体一屈一伸，仿佛在用大拇指和中指丈量路程，又像一座小拱桥，
非常有趣。

尺蠖表里不一，看似滑稽可爱，实际上喜欢吃嫩叶、嫩芽和花蕾等，危害果
树、茶树、桑树及棉花等，是世界著名的害虫。

◀尺蠖

255

# 飞行能力差的蛾——蚕蛾

FEIXING NENGLI CHA DE E—CAN E

**我**们平时见到的蛾，大多在空中上下翻飞，大有"广阔天空任我遨游"的架势。但有一种蛾，天生飞行能力差，即使用尽全力扑棱翅膀，也飞不高、飞不远，有的甚至已经失去了飞行能力。这种蛾就是蚕蛾。每当其他种类的蛾从上空飞过时，它们只能抬头羡慕地看一眼，然后迅速低下头去，继续忙着孕育下一代。

▲蚕茧

##  会吐丝的幼虫

蚕蛾是鳞翅目蚕蛾科昆虫的总称，它们的幼虫是会吐丝的蚕。大部分种类的蚕蛾被人工饲养。传说在上古时期，人类就已经开始收集蚕蛾的卵来培育，可见蚕蛾与人类关系的悠久。

## 蚕蛾的一生

蚕蛾属于完全变态昆虫，一生要经历卵、

▲蚕蛾

幼虫、蛹、成虫4个阶段。

蚕蛾的卵与蝴蝶的卵不一样，蝴蝶的卵都是裸露的，而蚕蛾的卵都裹着一层非常有韧性的壳。而且，蚕蛾的卵呈椭圆形，略扁，一端稍尖，一端钝圆。刚产下时是淡黄色的，卵形饱满。随着卵的发育，卵内的水分和营养物质渐渐被消耗，卵壳中央会微微凹陷。

蚕蛾的幼虫刚出生时小小的，遍体长有黑褐色的硬毛，乍一看，跟蚂蚁似的，所以此时的蚕叫"蚁蚕"。从钻出卵壳开始，蚕就不停地进食，"沙沙沙"，不一会儿，它们就能啃光一片手掌大的叶子。在成长期间，蚕的体色逐渐转成青白色，并进行数次蜕皮。

幼虫通过进食积攒足够的营养后，就开始化蛹。它们先吐丝，结出一个纺锤形的茧来包裹自己的身体。过两三天，蛹会蜕皮一次。刚蜕皮的蛹是白色的，后来渐渐变成深褐色，即我们在菜市场见到的蚕蛹。蚕蛹富含蛋白质，营养价值非常高。

成虫就是我们叙述的主角—蚕蛾。蚕蛾破蛹而出后，就急急忙忙找爱侣交配，不吃也不喝。其实，蚕蛾的嘴巴已经退化了，无法进食，摄取不到营养。所以，它们就趁着身体里还有储备能量的时候，赶紧繁育后代。不久，蚕蛾爸爸和蚕蛾妈妈身体里的养分耗费光了，就会悄悄地死去。

# 蛾中贵族——大蚕蛾

**▶▶ E ZHONG GUIZU—DA CAN E**

**如**果在蛾中选美的话，那么大蚕蛾家族一定会名列
前茅；即使它们中的某个种类拿了冠军，对手
们也不会感到意外。

▲大蚕蛾幼虫

## 蛾中贵族

　　大蚕蛾别名凤凰蛾，是名副其实的蛾中贵族。这从以下两点可以看出。首先，
大蚕蛾体型巨大，翅展数厘米，前翅呈三角形，某些种类的后翅上还有尾突；其
次，大蚕蛾色彩艳丽。蛾类大多色彩暗淡、单调，大蚕蛾却给自己套上了艳丽的
"外衣"，有黄色、橙色、绿色、红褐色等，翅膀上还带有夸张的斑纹。

▶乌桕大蚕蛾

▼红尾大蚕蛾

　　区别大蚕蛾的性别主要依据它们触角的不同，雌性的触角是线状的，雄性的触
角是羽状的。大蚕蛾与蚕蛾一样，口器退化，成虫不吃东西，在有限的时间内，它
们都靠消耗体内的脂肪来生存。

## 乌桕大蚕蛾

乌桕大蚕蛾是大蚕蛾科中体型最大的一个种类，翅展一般在 18 ～ 21 厘米，因此又被称为"皇蛾"。在巨大双翅的映衬下，乌桕大蚕蛾那毛茸茸的腹部看起来好像是迷你小香肠。

乌桕大蚕蛾的翅膀大多呈红褐色，布有整齐的白色、紫红色、棕色线条。前、后翅的中央各有一块透明的三角形斑块。前翅有突出的顶角，沿着前翅的边线微微向下弯曲，形成一个圆润的弧度。

乌桕大蚕蛾的性别不仅可以从触角上区分，还可以从体型上区分，雄性的体型与翅膀一般都比雌性的小。

随着环境的恶化，乌桕大蚕蛾栖息的范围越来越小，再加上人类的过度捕捉，乌桕大蚕蛾的数量已经急剧减少。为了保护这种稀有的蛾，我国已经将乌桕大蚕蛾列为国家保护动物。

## 长尾巴的大蚕蛾

某些种类的大蚕蛾长着漂亮的尾突，常见的有长尾大蚕蛾、绿尾大蚕蛾。

长尾大蚕蛾是在我国比较常见的大蚕蛾。它们的尾突长长的，如同在后翅上挂着 2 条别致的飘带，随着飞行节奏一上一下地舞动。

绿尾大蚕蛾的翅膀呈淡淡的绿色，尾突虽然不像长尾大蚕蛾的那么长，但却自有一番美丽：清新的绿色，柔软的质感，如同女孩儿纱裙的裙角，随着微风轻轻摇曳，带着一种弱柳扶风的美感。

▲绿尾大蚕蛾

▲长尾大蚕蛾

# 植物恨死我们了——灯蛾

ZHIWU HEN SI WOMEN LE—DENG E

**我**们是灯蛾，又叫"扑灯蛾"。从我们的名字就可以看出，我们是在夜间活动的蛾，最喜欢不顾一切地扑向明亮的光源。这样的下场往往很惨烈，因为有些光是火光，会将我们烧得灰飞烟灭。可是我们又有什么办法呢？这些光干扰了我们对路线的判断，让我们稀里糊涂地飞进了火坑。

## 休息方式很特别

其他种类的蛾都不喜欢和我们在一起，因为它们觉得我们的休息方式太奇怪了，既不像它们那样平放双翅，也不像蝴蝶那样竖立双翅，而是将双翅合拢，拱出脊来，看起来就像一本倒扣在桌子上的书。它们觉得我们特立独行，我们认为它们少见多怪，因为灯蛾天生就是这样休息的。

▲尘污灯蛾

## 特殊的自卫方式

其他的蛾要么翅膀上有吓人的眼斑，要么鳞片带有毒性，都竭尽所能地强化自卫武器。我们的自卫方式和它们不一样，一旦感到危险，我们就会分泌出一种黄色液体，这种液体有很强的腐蚀性和刺鼻的气味，我们以此驱赶敌人。当然，这是我们大部分灯蛾的自卫方式，还有一些灯蛾另辟蹊径，会发出强烈的爆裂声，来吓退敌人。

啰啰唆唆地说了一大堆，我们还没好好描述一下自己呢。我们属于中小型蛾，还有少数伙伴属于大型蛾。我们的触角呈丝状或羽状。一般情况下，我们都穿着白色的外衣，外衣上装饰着黑色、红色、黄色的斑纹、斑点。也有某些伙伴的外衣十分鲜艳。

我们最常见的伙伴有红缘灯蛾、人纹污灯蛾、尘污灯蛾、花布灯蛾等。在森林、田地里经常能见到我们的身影。

## 什么都吃的幼虫

植物那么恨我们，·其实都是因为我们的宝宝——灯蛾幼虫。灯蛾幼虫呈黑色或褐色，身体是长圆状的，披满长长的绒毛。宝宝们一点儿也不挑嘴，而且喜欢"聚餐"。它们一聚餐，植物就遭殃了。宝宝们会将植物的叶肉啃食得干干净净，只留下稀疏的叶脉，导致植物无法进行光合作用，渐渐枯萎。

除了只吃地衣、苔藓的苔蛾幼虫，其他灯蛾的幼虫都不挑嘴，尤其爱吃玉米、谷子、棉花、高粱、桑树、茶树、柑橘树等植物的叶子。

◀美国白蛾

▲红缘灯蛾

# 和蜜蜂很像的蛾——透翅蛾

**天**气暖了，花朵开了，"嗡嗡嗡"的小蜜蜂来了。它们东飞飞，西飞飞，在花朵间来回穿梭，将采好的花蜜送回巢中。可总有几只"蜜蜂"看上去懒洋洋的，吃饱了就趴在花心上晒太阳。难道蜜蜂中也有懒汉吗？哈哈，你看错了，那不是蜜蜂，而是透翅蛾！

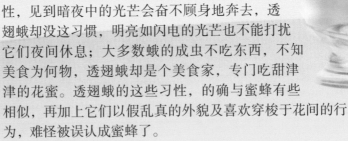

▲透翅蛾

##  迥异的习性

透翅蛾不仅模样和常见的蛾不同，就连习性也有很大区别。大多数蛾昼伏夜出，在太阳下山后才出来活动，而透翅蛾夜伏昼出，最喜欢在明亮的白天里四处闲逛；大多数蛾具有趋光性，见到暗夜中的光芒会奋不顾身地奔去，透翅蛾却没这习惯，明亮如闪电的光芒也不能打扰它们夜间休息；大多数蛾的成虫不吃东西，不知美食为何物，透翅蛾却是个美食家，专门吃甜津津的花蜜。透翅蛾的这些习性，的确与蜜蜂有些相似，再加上它们以假乱真的外貌及喜欢穿梭于花间的行为，难怪被误认成蜜蜂了。

## 给透翅蛾画像

透翅蛾体型中等或偏小；腹部黑色，有明亮的红色或黄色横纹；双翅狭长、透明，覆盖着稀稀疏疏的鳞片；触角呈棍棒状，末端还有细细的绒毛。它们这副长相确实和蜜蜂很相像。

透翅蛾喜欢生活在林区，常见的有白杨透翅蛾、葡萄透翅蛾、栗透翅蛾等。

## 钻木的幼虫

　　透翅蛾千方百计地模仿蜜蜂，想将"最勤劳、最无私奉献"的桂冠从蜜蜂手里抢过来，可惜一切努力都被它们的幼虫破坏了。

　　透翅蛾幼虫长得有点儿像蠕虫，喜欢钻蛀树木，也有部分透翅蛾幼虫喜欢钻蛀植物根茎或瓜果。这些坏蛋在树干内肆无忌惮地蛀食树木的髓部，导致大树内部千疮百孔，大量树液外溢。如果被透翅蛾幼虫危害的时间过长，大树就会变成空心树，树干无法为枝叶传输营养，树慢慢就会枯死。

# 口器发达的巨蛾——天蛾

**KOUQI FADA DE JU E—TIAN E**

**蝴**蝶世界中有大个子的凤蝶，那蛾的世界中呢？有身材高大的"巨蛾"吗？当然有！那就是天蛾。下面就让我们一起来揭开天蛾的神秘面纱，好好观察一下它们吧。

▲天蛾

## 口器发达的巨蛾

天蛾多生活在植物多的温暖地带，喜欢在黄昏或夜间活动，个别种类也会在白天出现。这种昼伏夜出的习性是大多数蛾的共同特征。但与其他蛾相比，天蛾有两点不一样。

其一，天蛾体型巨大，大多呈纺锤状，看起来很强壮；体色比较鲜艳，常见的有绿色或者红色；前翅大而狭长，后翅相对略小一些，翅顶角尖尖的，翅外缘向内斜。

其二，很多蛾的口器已经退化，无法进食，在短短十几天的生命中，完全靠幼虫时期吸收的营养来维持生命；而天蛾不一样，它们的口器不仅没退化，而且十分发达，是它们吮吸花蜜的工具。某些种类的天蛾，口器甚至跟身体差不多长，平时蜷曲起来，饥饿时就伸展开来，如同吸管一般，能伸到花蕊最深处。

## 天蛾幼虫

大多蛾类的幼虫要么体表多暗色刺毛，要么体表少毛色浅，总之，它们都奉行低调原则，尽量让自己看起来不起眼儿，以逃过天敌的搜查。天蛾幼虫可不喜欢躲躲藏藏的生活，它们从来都是高调现身。天蛾幼虫比较肥大，呈圆柱状，有8个腹节，体表光滑无毛，大多披着明绿色的外套，腹节两侧还均匀点缀着深色的点，整体看上去非常显眼。不过，当它们趴在绿叶上时，绿色的身体与叶片融为一体，就很难被发现了。

天蛾幼虫的另一个与众不同之处就是第8腹节背面长着一个高高翘起的"尾巴"，其实这是它们的臀角，是它们表明自己身份的重要标志。

天蛾幼虫还会高调发声呢。它们经常摩擦上颚，发出低低的爆裂声，仿佛在说："我与那些不会发声的蛾类幼虫不一样！"

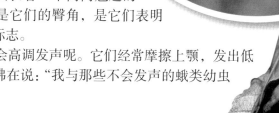

## 鬼脸天蛾

天蛾带给我们的惊奇远不止上面介绍的那些。有一种鬼脸天蛾，模样长得有点儿吓人。它们白天停歇在与翅膀颜色相近的树枝上，胸部背面有骷髅头状的斑纹，乍一看，还以为是画家刻意在它们背上画了一个鬼脸。这种天蛾夜晚好追逐光，会将空气从口器中逼出，发出一种"吱吱"的声音。

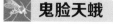

◀鬼脸天蛾

# 喜欢蜜、糖的蛾——夜蛾

>> XIHUAN MI/TANG DE E—YE E

**你**喜欢甜甜的糖和蜜吗？夜蛾可是十分喜欢的。它们只要发现蜜、糖等好吃的，就会毫不犹豫地飞身上前，大口吮吸。不过那些甜甜的物体，常常是人们布下的死亡陷阱。

▶夜蛾幼虫

## 夜蛾的外形

夜蛾是鳞翅目夜蛾科昆虫的通称，夜蛾科是鳞翅目中种类最多的一科。目前世界已知的夜蛾有 2 万多种，我国已经发现的有 1600 种左右。

夜蛾中等大小，翅膀颜色暗淡，少数种类的后翅有艳丽的色彩或斑纹。不同种类的夜蛾，触角也不同，有线状、锯齿状、栉状等。夜蛾吸管状的口器非常发达，有些甚至能刺穿果皮，平时卷曲起来，取食时伸直。

夜蛾与其他蛾类最大的区别是它们具有长长的下唇须，有钩形、椎形、镰形、三角形等多种形状，仿佛是长长的胡子。某些种类的夜蛾的下唇须长得可以向上弯曲到胸背部。

▼夜蛾

夜蛾只在夜间活动，白天隐藏在阴暗处睡大觉，因此得名"夜蛾"。大多数夜蛾是素食主义者，只喝点儿果汁、蜜露等；少部分夜蛾是肉食主义者，喜欢吃一些小昆虫，比如，紫胶猎夜蛾就喜欢捕食紫胶虫。

##  四处作恶的幼虫

夜蛾种类繁多，幼虫也多种多样，有黏虫、小地老虎、黄地老虎、棉铃虫等。无一例外，它们都是臭名昭著的害虫。

黏虫什么植物都吃，稻、粟、玉米、棉花、蔬菜、豆类等，都是它们取食的对象。小时候，它们多藏在叶心里，悄悄进行破坏；长大一些后，它们就变得胆大妄为起来，明目张胆地钻出叶心，吃光整个叶片。

黏虫取食叶片，伤害植物的地上部分；地老虎则隐藏在地下，偷偷啃食植物根茎，导致植物死亡。

## 能躲过蝙蝠的追捕

夜蛾胸前有个鼓膜器，这让夜蛾能"听"到超声波。当蝙蝠用超声波探测猎物时，夜蛾能轻松听见，及时避开。

夜蛾腿关节上有振动器，也能发出超声波，使蝙蝠的超声波定位发生偏差。

有些夜蛾的身上长有厚厚的绒毛，能吸收蝙蝠发出的超声波，使蝙蝠收不到足够的超声波回声而判断失误。

▼蝙蝠

# 翅膀带"钩"的蛾——钩蛾

为了让自己与众不同,蛾类真是费尽了心思:有的假装成蜜蜂,有的后翅上长了个"尾巴",有的留着长长的"胡须"……钩蛾则在自己的前翅上做文章——它们的前翅长着弯曲的翅尖,如同两个小钩子一般。

## 独特的外貌

▼钩蛾

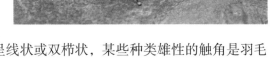

钩蛾喜欢温暖的环境,大多生活在热带地区的林地里。除了南美洲,其他地区的热带林区也都能见到它们的身影。

钩蛾最大的特点就是前翅尖呈钩状,但不同钩蛾"钩子"的弧度略有不同。这些躯体细长的蛾,翅膀颜色都比较暗淡,头部覆盖着鳞片,触角呈线状或双栉状,某些种类雄性的触角是羽毛状的。

## 尾巴尖尖的幼虫

钩蛾的幼虫喜欢吃灌木或者大树的嫩叶,刚出生时喜欢聚在一起吃饭,长大一些后就独自觅食了。

钩蛾的幼虫体色较浅,腹部中间的足退化得比较严重,几乎看不见了。这些体表少毛的幼虫,大多长着尖尖的尾巴,并喜欢在休息的时候翘起来,好像在警告别人:"你别过来,否则我用尖尾巴扎你!"这完全是虚张声势,因为钩蛾幼虫的尖尾巴并没有攻击力。

# 装成枯叶的蛾——枯叶蛾

人们都知道枯叶蝶是模仿枯叶的高手，其实枯叶蛾的模仿水平与枯叶蝶不相上下，只不过枯叶蛾比较低调，通常只在夜间出来活动，所以人们对它们知之甚少。

▶枯叶蛾

## 穿着"毛衣"的"枯叶"

枯叶蛾的翅膀、腹部、胸部、足部都披着厚厚的长毛，如同穿着一件厚厚的毛衣。它们静止时，会把2条前足缩在胸前，剩下的4条足紧紧抱着小树枝，再配上一身"毛衣"，活脱脱一副被冻得抱树取暖的模样。

枯叶蛾的翅膀颜色暗淡，多呈黄褐色、褐色、棕褐色，与枯叶的颜色相近。它们的翅膀上还有类似叶脉的斑纹，休息时合拢翅膀呈脊状，仿佛一片枯叶。更有趣的是，枯叶蛾还会将两个触角并在一起，拟态成叶柄。

## 群居的幼虫

枯叶蛾的幼虫体表多毛，喜欢吃鲜嫩的树叶，是著名的害虫。这些毛毛虫喜欢群居，会合作织成一张丝状的网，挂在植物间，平时就在这张"网床"上休息。

快要化蛹时，幼虫会找个安全隐蔽的叶子，吐丝将叶子黏合成一个圆筒，然后在圆筒内织一个卵状的丝茧，让自己躲在里面化蛹。经过2～4周的孕育，枯叶蛾就破茧而出了。

▲栎黄枯叶蛾

◀枯叶蛾幼虫

# 行动迅捷的蛾——蝙蝠蛾

**蝙**蝠定位精准、速度迅捷，是很多"听"不见超声波的蛾类最害怕的生物。与蝙蝠有关的任何事物，这些蛾类都避之唯恐不及。有一种蛾却偏偏反其道而行，将自己打扮成蝙蝠的模样。它们以为这样就能扰乱蝙蝠的超声波定位，逃过蝙蝠的追捕呢！

▲ 蝙蝠蛾

## 与蝙蝠相似的外形

蝙蝠蛾属于中大型蛾，不同种类翅展也不同，一般情况下，雌性蝙蝠蛾体型比雄性大。

蝙蝠蛾颜色较深，大多呈褐色，体表有长绒毛，飞行速度极快，飞行姿态与蝙蝠相似，喜欢在黄昏时出来活动。暮色中，蝙蝠蛾从半空中一掠而过，还真挺像蝙蝠呢。

## 虫草蝙蝠蛾

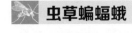

冬虫夏草是珍贵的中药材，你知道这味药材中的"虫"是什么吗？它就是虫草蝙蝠蛾的幼虫。雌性虫草蝙蝠蛾将卵产在草地上，幼虫孵化后，就钻进土里过冬。土壤中的虫草真菌借机侵入幼虫体内，并汲取幼虫体内的营养供自己成长。渐渐地，幼虫体内的组织就被虫草菌丝"吃"光了，只剩下一个躯壳，虫草菌丝壮大成菌核。第二年春夏交替之际，虫草菌核突破幼虫的躯壳，长出一个类似小草的菌柄，藏在满地杂草中。不仔细找，还真发现不了它们呢。

# 有毒的蛾——毒蛾

**▶▶ YOUDU DE E—DU E**

▲毒蛾

**蛾**类体表鳞片丰富，人们用手指轻轻一碰，就会沾染到绒毛和鳞片，用清水一冲洗，就干净了，并不会引起什么不适。但毒蛾可不能碰！人如果不小心碰到它们，就有可能引发皮炎等疾病。动物如果误食毒蛾的幼虫，就会引起中毒，甚至死亡。

 ## 毒蛾的外貌

毒蛾属于中大型蛾，身体粗壮，多毛，前翅狭窄，后翅稍宽，翅膀颜色暗淡，热带地区的部分种类有鲜艳的颜色，很多雌性的翅膀已经退化，毒蛾多在黄昏和夜间活动。

将毒蛾和夜蛾放在一起，一时间很难区分两者，但仔细观察，你会发现毒蛾的绒毛比夜蛾的多，而且大多数毒蛾的尾端有一簇稍长的毛。

▲苹毒蛾幼虫

## 谨慎的毒蛾妈妈

该把卵产在哪里呢？毒蛾妈妈四处寻找，想找一个安全的地方生下宝宝。最终，有些毒蛾妈妈将卵产在大树或灌木的树皮上，有些不会飞的毒蛾妈妈则将卵产在自己的茧上。选择如此隐蔽的地方，毒蛾妈妈还是不放心，还要在卵堆上覆盖自己的分泌物或腹部末端脱落的绒毛。真是谨慎的好妈妈！

# 背袋子的蛾——大蓑蛾

飞蛾晚上飞来飞去，累坏了，打算白天好好休息一下，正好看见树枝上有个现成的睡袋，就毫不犹豫地靠了过去。谁知"睡袋"竟然活了，慢慢地爬走了。原来，这"睡袋"其实是一种昆虫——大蓑蛾。

## 长得很丑

大蓑蛾又叫大袋蛾、大背袋虫，因为它们一辈子都背着囊生活。

大蓑蛾是蛾中的"丑八怪"。雄性和雌性长得差别很大。雄性为中小型蛾子，翅膀很宽，蛹皮留在囊口。雌性看起来像恶心的蛆虫，身体肥大，头很小，没有翅膀，足、触角、口器、复眼都不发达。雌性羽化后也舍不得丢掉蛹皮，仍旧把蛹皮当成房子，一天到晚躲在里面，只露出头和胸，一副不敢见人的样子。

大蓑蛾的幼虫也不比父母漂亮到哪儿去。它们的身体同样肥大，胸足和臀足较为发达，腹足退化为吸盘状。幼虫会吐丝织蓑囊，织出的蓑囊样式千奇百怪，上面总是粘着断枝、残叶或土粒。平时，幼虫就生活在蓑囊里，睡够了，就像母亲一样，把头和胸伸出蓑囊运动。人们根据幼虫古怪的样子，给它们起了很多形象的名字，比如结草虫、结苇虫、木螺、蓑衣丈人、避债虫、背包虫、袋虫、皮虫等。

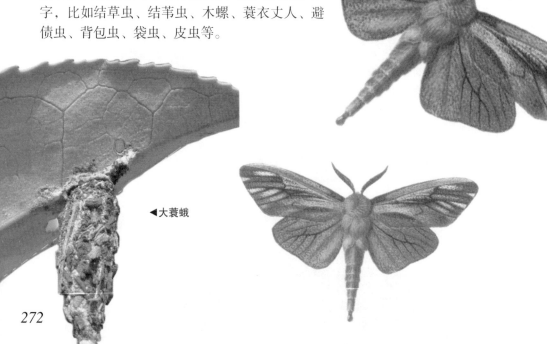

◀ 大蓑蛾

## 伟大的母爱

别看大蓑蛾妈妈长得很丑，但是它们的母爱令人动容。对雌性大蓑蛾来说，它们生存的意义和乐趣便是生育下一代。

雌性大蓑蛾羽化后第二天就能交配，交尾一两天后就可以生小宝宝，每只雌性大蓑蛾平均产卵 600 粒，有的甚至能产 3000 粒左右。然而，生育对雌性大蓑蛾来说是一件痛苦的事情，它们产完卵后，很快便干枯而死。尽管如此，没有一只雌性大蓑蛾会在产卵时偷懒，它们总是尽可能生最多的卵。

## 小小贪吃鬼

幼虫从卵中孵出后，就会吐丝了，然后乘着丝随风下垂。当它们飘到枝叶上时，便一刻也不停地开始吐丝造房子。

幼虫都是贪吃鬼，不同年龄段的它们，食谱还有区别呢。刚孵化不久，它们主要吃树叶下表皮和叶肉。它们吃呀吃呀，长得很快，食谱也丰富起来，叶片、嫩梢、枝皮、花蕾、果实……统统不放过，吃光了这棵植物，就转移到旁边的植物上继续吃，似乎永远吃不饱。

# 罪行累累的蛾——舞毒蛾

**说**起舞毒蛾，真是恨得人牙根痒痒，这种昆虫犯下了数不清的"罪案"。那么它们究竟做了哪些坏事呢？

## 长得什么样

我是舞毒蛾的代表。在我们家族中，雄性和雌性长得是不一样的。我是雄性的，所以个头儿较小，约有20毫米长，前面的翅膀是茶褐色的，上面有4、5条波状横带，外缘呈深色带状；相比之下，我的姐妹个头儿较大，体长约25毫米，前面的翅膀是灰白色的，每两条脉纹间有一个黑褐色斑点，腹部末端有黄褐色毛丛。

▲ 舞毒蛾

尽管人类不喜欢我们，叫我们害虫，但我们才不在乎别人的看法呢。白天，我们喜欢在阳光下成群飞舞，毫无顾忌，所以有了"舞毒蛾"这个名字。

## 成长历程

在舞毒蛾中，雌性行动不便，所以不会主动去找雄性，而是矜持地伏在一个地方释放性信息素，等雄性上门"提亲"。雄性爱运动，对雌性散发的信息素十分敏感，一旦觉察到了，就会积极地做出回应，然后迅速飞到雌性的身边。

　　雌性喜欢在枝梢、树干、草丛或石块附近产卵。当它们还是卵宝宝时，身体是杏黄色的，和数百粒乃至上千粒兄弟姐妹聚集在一起，上面覆盖有很厚的黄褐色绒毛。卵宝宝孵化的时间和温度有关，比如卵块在石崖上，温度较低，孵化的时间就比较晚。刚孵化后，和兄弟姐妹仍聚集在卵块上，当天气转暖后，舞毒蛾就开始吃树上的嫩芽了。

　　舞毒蛾越吃越强壮，成熟时体长 50 ~ 70 毫米，头部是黄褐色的，有八字形黑色纹。7 月上旬，舞毒蛾开始化蛹，雄性的蛹比较小，而雌性的蛹比较大。

　　在蛹房子里待到 8 月份，舞毒蛾就会钻出蛹房子羽化，变成成虫。

## 罪行累累

　　舞毒蛾的幼虫个个都是大胃王，最喜欢吃叶片，几周内就可把周围的树叶吃光。所以，它们家族的"不光荣事迹"，真是数不胜数。下面就随便挑一件事讲讲。

　　1995—1996 年，舞毒蛾向内蒙古大兴安岭林区根河、图里河及得耳布尔等林业区发动攻击，糟蹋了超过 7 万公顷的林木……

### 千奇百怪

　　舞毒蛾幼虫受到震动后会吐丝下垂，借风力传播，故又称秋千毛虫。

　　舞毒蛾的卵块在林间的分布有两种类型：高密度时为聚集分布，低密度时为随机分布。

　　舞毒蛾有趋光性，我们可以利用灯光来捕捉它们。

# 世界性害虫——麦蛾

**麦** 蛾的种类很多，已记载的大概有3700种。它们随遇而安，在世界多数地方都有分布。不同种类的生活方式五花八门。

▶麦蛾

## 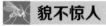 貌不惊人

有很多害虫品行不良，但总能得到人类的祖护，原因不过是它们长得太美了。貌不惊人的麦蛾自然享受不到这种偏爱。

麦蛾从小到大都与美丽无缘。幼虫是圆筒形的，身披淡白或带红点的外衣，肉乎乎的，没有一根毛；调皮的腹足时而露出，时而消失。成虫一般是深褐色的，外衣上有灰色或银色斑纹，前翅狭长，后翅翅尖突出。

## 作恶多端

麦蛾是世界性害虫，不同种类、不同生长阶段的麦蛾，作恶的"战场"有所不同。

麦蛾幼虫多在小麦、大米、稻谷、高粱、玉米及禾本科杂草种子内为害，严重影响种子发芽。

▲麦蛾幼虫

　　黑星麦蛾对果树很感兴趣，比如苹果树、沙果树、海棠树、梨树、桃树、李树、杏树、樱桃树等。幼虫刚孵出后，就迫不及待地转入还未伸展开来的嫩叶中大吃大喝。身体稍大后，便会和几个同伴齐心合力地将叶子卷起来，然后躲在"卷席"里吞吃叶肉，时间长了，叶子就会干枯死亡。其成虫穿黑褐色的外衣，上面带有黑斑。

　　此外，花生麦蛾的幼虫为害花生、黄豆、绿豆等；桃条麦蛾为害果树；小杨麦蛾为害杨树、柳树、槭树等，是林业的大害。

## 除害有方法

　　麦蛾是有名的仓库害虫，虽然狡猾贪婪，但并不是不可战胜的。

　　很多麦蛾喜欢在水分多的粮食中作恶。想要防治它们，人们就要保持储粮干燥、洁净，定期晾晒谷物。如果储粮较多，不方便晾晒，可以用药物熏蒸防治。

　　对于那些危害蔬菜、果树的麦蛾来说，最环保的方法当属请麦蛾的天敌们——姬蜂、茧蜂、寄生蝇等来帮忙了，这些益虫能寄生在麦蛾幼虫的身体里，吞噬害虫。

# 昆虫研究室
## ——采集、观察昆虫

昆虫世界千奇百怪，每种昆虫似乎都藏着数不清的秘密。为了更好地了解它们，我们总要时不时地请昆虫来家里"做客"。不过，昆虫们一会儿在这儿，一会儿在那儿，难以寻觅踪影。我们为此伤透了脑筋，最后总结出了几个不错的"请客"方式。

### 睁大眼睛瞧一瞧

天气不错，咱们去大自然中转一转吧。草丛中、树叶上、花心里，可能都藏着小昆虫哟！你可要睁大眼睛，仔细寻找，因为很多昆虫都藏在与自己"外衣"颜色相近的地方。一时大意，它们就从你眼皮子底下溜走了。

### 快到网里来

有些昆虫不喜欢到你家里"做客"，就利用自己善于弹跳的腿、快速飞行的翅膀或者神乎其神的泳技来逃避你的"邀请"。这时候，你需要一件称手的抓捕工具——捕虫网。捕虫网可以捕捉一些行动迅速的昆虫。

### 灯光真明亮

有些昆虫性格偏执，不易受骗，且只在晚上出门。那该怎么办呢？不用担心，它们抵挡不了灯光的诱惑。夜晚，在户外点亮一盏灯，不一会儿，就会有飞蛾晕头晕脑地飞过来。它们误把明灯当成指引方向的月亮了。

不只飞蛾，对其他在夜晚活动、具有趋光性的昆虫，我们都可以采用这种灯光诱捕法。

## 快过来，这里有好吃的

很多昆虫都是馋嘴巴，喜欢吃香喷喷的蜂蜜或树脂。对那些隐藏在大树角落里的昆虫，我们就得拿美食来诱惑它们。将香蕉或者蜂蜜粘在曾有树脂流过的地方，就会引来这些小食客。当它们大快朵颐的时候，你就可以轻易地"请"到它们啦！

## 昆虫"木乃伊"

很多时候，我们要长时间观察昆虫，这就需要把捉来的昆虫做成标本。做昆虫标本的方法有两种：干燥法和浸制法。

干燥法是用针将昆虫固定在标本板上，然后放入干燥机进行烘干。无法进行干燥的昆虫，就用浸制法保存，即先用固定液或热开水将其组织固定，再放入酒精溶液中浸泡起来。

## 小心陷阱

有些昆虫白天睡大觉，晚上出来觅食、交友。要"请"到这些昆虫，就得挖个"陷阱"。很多夜行甲虫喜欢吃肉，那我们就在玻璃杯里放点儿腐肉，然后将杯子埋在甲虫经常出现的地方，露出杯口。不知情的甲虫就会一头钻进去，忘情地吃起来。等它们吃饱喝足了，却发现自己爬不出去了。哈哈，因为杯壁太滑了。

# 8

第八章

# 甲虫大军

# 甲虫什么样

>> JIACHONG SHENME YANG

▲丽金龟科昆虫

**甲**虫是鞘翅目昆虫的统称，是昆虫大军中规模最庞大的家族，也是所有动物中种类最多的一族。

## 非同一般的铠甲兵

甲虫与其他昆虫一样，胸部长着 3 对足。甲虫有 2 对翅膀，它们的翅膀与其他昆虫的翅膀有很大不同。甲虫的前翅（鞘翅）硬硬的，在阳光下闪着漂亮的光辉，乍一看，就像是闪亮的铠甲，"甲虫"之名便由此而来；甲虫的后翅（膜翅）平时都藏在坚硬的前翅下面，以减少外界对它们的伤害。

千万别因为甲虫后翅柔软、单薄，需要前翅的保护而小瞧它们。要知道，甲虫想飞起来，就得仰仗后翅。不过，甲虫都是懒家伙，能靠腿走路，就坚决不扇动翅膀，仿佛飞一会儿就能耗尽它们全身的力量似的。有些甲虫，后翅甚至已经退化，根本飞不起来了。因此，有些学者也称甲虫为"步行虫科"。

大多要经历卵、幼虫、蛹、成虫 4 个阶段，才能成为真正意义上的甲虫。它们成长的时间有快有慢，有的 1 星期就能从幼虫成长为成虫了，有的则需要很多年。

▼甲虫

## 昆虫中的元老

昆虫是地球上生存时间最久的动物之一。而甲虫则是昆虫中的元老。在膜翅目和鳞翅目昆虫尚未出现时，甲虫就很繁盛了。那时候的甲虫体长数米，与现在的甲虫相比，简直是庞然大物。

有研究者推测，随着物种的丰富、冰河世纪的到来，自然界的食物越来越紧缺，甲虫

▼甲虫捕猎

只有不断变小，不断减少食物摄取量，才能活下来。不过，这个说法并不完全成立，甲虫变小的原因至今还是个谜。

 ## 贪吃鬼的分类

甲虫适应环境的能力很强，这从它们的分布范围和食性上就能看出来。除了海洋和两极地区，其他任何地方都能见到甲虫的身影。至于食物，甲虫几乎什么都吃，它们那咀嚼式的口器仿佛是粉碎机，能把出现在眼前的任何美食都嚼碎。

根据食性不同，可以将甲虫分为4类。

植食性甲虫——以植物的茎、叶、汁液、花粉等为食的甲虫，如花金龟。

肉食性甲虫——捕食一些小虫，如虎甲虫。

腐食性甲虫——以动物腐败尸体上的蛆为食，如阎魔虫。

粪食性甲虫——以动物粪便为食，如蜣螂。

▼阎魔虫科昆虫

# 大角斗士——锹甲虫

**如**果说甲虫是昆虫界的铠甲武士，那锹甲虫就是武士中冲锋陷阵的第一勇将。锹甲虫勇猛好斗，不畏强敌，常常为了捍卫领土或者争夺配偶，与敌人展开"血战"。

## 角状上颚

目前已发现的锹甲虫约有1200种，分布在世界各地，以东南亚地区居多。雄性锹甲虫上颚发达，形似鹿角，长可达2厘米，几乎与它们的身体等长。这巨大而有力的上颚，可不是锹甲虫的餐具，而是它们与敌人战斗的武器。

◄锹甲虫

一般情况下，雄性锹甲虫的上颚比雌性锹甲虫的上颚发达，但也有少部分的锹甲虫，雄性与雌性的上颚相似。锹甲虫如果缺乏营养，上颚就无法正常生长。很多锹甲虫就是因为食物不足而导致没有上颚的。缺乏了武器的保护，它们生活得十分艰难。

## 勇敢的角斗士

锹甲虫非常勇猛。当它们感到危险时，就会站在树桩或者石头上，摆出威风凛

凛、蓄势待发的姿态，仿佛在告诫对方："这是我的地盘！"如果不能吓退对方，锹甲虫就会一跃而上，用强有力的上颚与对方厮打在一起，直到将对方举起并摔在地上为止。当然，锹甲虫偶尔也会战败，很可能被扭断了上颚或者丧失了家园，但它们依旧雄赳赳、气昂昂，颇有不以输赢论英雄的勇士之风。

其实，不光成年的锹甲虫好斗成性，它们的宝宝也个个脾气火暴。两只锹甲虫幼虫相遇时，常常会气势汹汹地冲上前去，用尚未发育完全的大颚互斗，直到一方战死为止。

 **最爱大树**

锹甲虫最爱大树，一生都围着大树生活。雌性锹甲虫将卵产在腐朽的木头里，经过一段时间的孵化，幼虫出生，它们依然在朽木中生活，啃食朽木屑。吃饱喝足，积攒了足够的能量后，幼虫会在朽木中化蛹。成虫钻出朽木后，会在附近的大树上生活，以树木及果实的汁液等为食。

 **昼伏夜出**

锹甲虫白天躲在树洞里睡大觉，夜晚才出来觅食、寻找配偶。这种昼伏夜出的习性，可以帮助它们躲避一些天敌，如喜鹊、啄木鸟等，但对刺猬、獾等昼伏夜出的动物来说，就没有作用了。锹甲虫一般在 5 月末出现，在 8 月的傍晚最活跃。

. 千奇百怪 .

有些大黄蜂把小石头当锤子用，将泥土敲下来，堆进巢中。

由于视觉光谱不同，昆虫眼中的花朵颜色与人类眼中的花朵颜色完全不同，比如我们看见的银莲花是白色的，但在蜜蜂眼里，它可能是蓝色的。

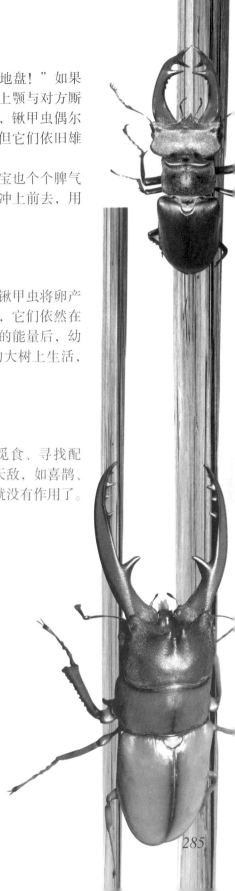

# 除粪高手——蜣螂

雨季过后，象群逐着青草迁移。在象群后面，总跟随着一群黑亮的小甲虫。它们将大象的粪便分解开来，滚成一个个圆圆的小球，推回洞中。它们是大象雇来的清洁工吗？不是的。它们的学名叫蜣螂，是一种以粪便为食的甲虫。青草充足，大象吃得饱，排出的粪便就多，蜣螂自然要紧紧跟着象群，抢着将食物搬回家呀！

## 🦗 铁甲将军

蜣螂广泛分布在世界各地。这种体长一般不超过3厘米的小家伙，外壳呈黑褐色，有1个铲状的头和1对桨状的触角。蜣螂的外壳十分坚硬，反射着闪闪的光辉，仿佛披着一身铁甲。所以，人们也称其为"铁甲将军"。非洲有一种巨型蜣螂，外壳非常坚硬，堪称"蜣螂之王"。

▲ 蜣螂

## 大自然的清道夫

蜣螂被誉为"大自然的清道夫"。它们将粪便拍打成圆球，然后用两只有力的后腿将粪球推到已挖掘好的洞穴中食用。不必怀疑，蜣螂就是用后腿倒退着将粪球推到洞中的！有些种类的蜣螂性子比较急，会先大吃一顿，再考虑其他工作。

不要小瞧蜣螂的工作。如果没有它们清理粪便，堆积如山的动物粪便就会污染牧草，且易滋生蚊蝇，从而破坏生态环境；如果没有它们挖掘洞穴，土壤就会变得板结，不利于植物生长。而且，蜣螂吸收粪便中的营养物质后，会将粪便排到土壤中，肥沃土壤。

##  万能的粪球

蜣螂的粪球不仅是它们的食物，而且是它们的育婴室。雌蜣螂在产卵之前，会挖掘几个约1米深的洞室，然后在每个洞室内放一个滚成梨形的粪球，将卵产在粪球里面。蜣螂幼虫出生之后，就以粪球为食，粪球越吃越空，小蜣螂越长越大，直至破"球"而出。

## 讨厌的无赖

总体来看，蜣螂挺勤劳的，不过在蜣螂中也存在一些懒汉和无赖。这些坏家伙不爱劳动，总去抢别人的劳动成果。被打劫者和无赖之间难免发生恶战，如果无赖赢了，不仅会夺走战败者的粪球，甚至会掳走战败者的"妻子"。

# 长"鼻子"甲虫——象鼻虫

象鼻虫是甲虫中种类最多的一科，也是昆虫中种类最多的一群。它们大多都有翅膀，身体有的只有0.1厘米长，有的能长到10厘米左右。为了便于区分，昆虫学家们将象鼻虫细分为长角象鼻虫科、卷叶象鼻虫科、羊齿象鼻虫科、三锥象鼻虫科、橡根象鼻虫科、毛象鼻虫科等。

## 长嘴巴，硬外壳

象鼻虫的头部前端生有如同大象鼻子的器官，不过，这可不是它们用来呼吸、吸水的鼻子哟，而是它们的吻部。吻部前端生有口器，是象鼻虫"吃饭"的工具。象鼻虫的吻部很有力量，产卵时节，雌虫能用它在植物表面硬生生地钻出一个管状洞穴，然后将卵产在其中。

甲虫的外壳都很坚硬，不过，大多数种类的外壳都无法与某些种类的象鼻虫的外壳相比。据说，昆虫学家在制作兰屿球背象鼻虫的标本时，要借助电钻才能切开那层外壳呢。这些种类的象鼻虫的外壳如此坚硬，是因为它们的后翅已经退化，而前翅闭合，紧紧地扣在背上，从而提高了外壳的硬度。

 **遇到危险就装死**

象鼻虫的吻部有力、外壳坚硬，可以说其既有强悍的战斗力，又有无坚不摧的盾牌，应该是昆虫中的小霸王吧？其实，象鼻虫的胆子可小了，遇到危险就装死。如果你趁象鼻虫不注意的时候，轻轻碰它一下，它会立刻将6条腿缩到肚子下面，一动不动，任你左摇右晃，它也不会"活"过来。

 **会冬眠的甲虫**

深秋的时候，很多甲虫都会在产卵后死去，以免与寒冷的冬天相遇。象鼻虫可不害怕寒冬，它们会采用冬眠的方式来挨过冬天。第二年大地回春，气温升高，它们又会活跃起来，到处啃食植物的茎、叶。幸好，大多数的象鼻虫会在冬眠的时候被冻死，否则春天刚发芽的植物就会被它们啃食得七零八落了。

**可恶的害虫**

象鼻虫是经济作物害虫，竹子、棉花、落叶松等，都深受其害。雌象鼻虫将卵产在植物内部，幼虫孵化后，就啃食植物内部最鲜嫩的部分。吃饱喝足后，幼虫又会在植物内部化蛹。当成虫从植物内部钻出来时，植物的根茎已经中空了，风一吹就会折断。成虫钻出来后，也会挑最嫩的植物茎叶食用。可以说，象鼻虫的一生都在危害经济作物。

# 灯笼小天使——萤火虫

夏天的夜晚，我们经常能看见一些闪闪发光的小虫在草丛间飞来飞去，仿佛提着灯笼的小天使在为迷路的小动物们照亮回家的路。这些发光的小飞虫就是萤火虫。

别小看萤火虫的小灯笼，我国晋代有一个叫车胤的人，小时候因为家里穷，就曾经用练囊装萤火虫来照明读书呢。

▼萤火虫

## 会发光的甲虫

萤火虫是萤科甲虫的通称，体长 0.8 厘米左右，扁扁的，头部长有半圆球形的眼睛。有趣的是，雄萤火虫的眼睛比雌萤火虫的眼睛大。如果仔细观察，你会发现萤火虫的前胸背板特别长，如同头盔一样保护着头部。

## 暗夜中的光芒

为什么大多数昆虫不会发光，而萤火虫却会一闪一闪地发光呢？秘密全藏在萤火虫的肚子里。萤火虫腹部有专门的发光细胞。发光细胞内的荧光素在荧光素酶的

催化下，与氧气
产生一连串的生化
反应，反应过程中产生
的能量，几乎都以光的形式释
放出来。所以萤火虫的腹部才会发光。
但并不是所有萤火虫都会发光，某些种类的
雌萤火虫就不会发光。

　　不同种类的萤火虫会发出不同颜色的光，主要有黄色、
绿色、红色、橙红色。

　　萤火虫的腹部不停地发光，难道不会灼伤自己吗？不
用担心。萤火虫释放出来的能量，绝大多数都转化成光能，
只有极少的能量转化成热能。这点儿热量，对萤火虫来说，
根本构不成伤害。

## 雌雄大不同

　　雄性昆虫和雌性昆虫大多长得比较相像，只是身材大
小略有不同而已，而萤火虫是个例外。雄萤火虫双翅轻盈，
能够在空中翩翩起舞；雌萤火虫的双翅大多已经退化，无
法飞翔。虽然雌萤火虫无法与雄萤火虫比翼双飞，但这丝毫
阻挡不了雄萤火虫对雌萤火虫的爱意。每到夜晚，雄萤火虫就会燃起
"灯笼"，一闪一闪地向趴在草叶上的雌萤火虫表达爱意。如果雌萤火虫发出强
光回应，雄萤火虫就会心花怒放，迅速飞向自己的"爱人"。

　　北美的一种属的雌性萤火虫会模仿其他几个属的雌虫发光，不过它们可不是为
了向雄性表达爱意，而是布下了死亡陷阱。如果其他属的雄性贸然赶来，就会被毫
不留情地吃掉。

# 弄翎大武生——天牛

**炎**热夏季的傍晚，我们在园林里散步的时候，经常能在树上看见一种触角比身体还长的昆虫，这就是天牛。如果你抓着天牛的身体不放，它们会一边用力挣扎，一边发出"咔嚓咔嚓"的声音，跟锯树的声音特别像；又因为天牛幼虫蛀食树干，使树木容易折断，所以人们给天牛起了个形象的别称：锯树郎。

▶天牛

 **长长的触角**

天牛体长 0.4 ~ 11 厘米，呈椭圆形，背部略扁，常趴在树上一动不动，看上去没有一点儿特别之处。不过，当天牛亮出自己的终极武器触角时，就会立刻变得威武起来。

天牛的触角极长，一般都超过体长，甚至是体长的 2 倍。生活在我国华北地区的长角灰天牛，其触角长度是自身体长的 4 ~ 5 倍。天牛的触角能向后贴覆在背上，旋转时非常有韵律，仿佛京剧武生在舞动头上的雉鸡翎，颇有豪情万丈的味道。

 **天牛风筝**

天牛有一身蛮力，能移动相当于自身重量数十倍的物体。捉来一只天牛，在它身上绑一根 30 厘米左右长的线绳，并在绳的另

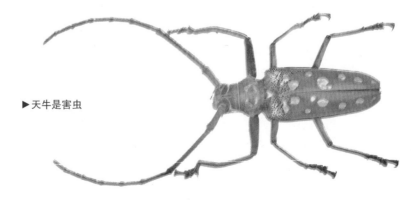

▶天牛是害虫

▲天牛幼虫

一端系一片树叶或一张纸片等，然后放开天牛，它就会在空中摇摇摆摆地飞翔，跟风筝似的。由于下面拴着东西，飞不高，天牛会拼命扇动翅膀，发出"嘤嘤"的声音，有趣极了！捉天牛时，一定要小心它们的颚。天牛的颚硬而有力，连木头都能咬开呢。

## 会造"屋"的幼虫

　　天牛的幼虫和它们的爸爸妈妈长得一点儿都不一样，身体呈黄白色，胖嘟嘟的，看上去非常可爱。古人常用"领如蝤蛴"来形容女性白润丰满的颈部。"蝤蛴"即天牛的幼虫，可见天牛幼虫在古人眼里是美丽丰润的代表。实际上，天牛幼虫的内心一点儿也不美丽。它们藏在树皮底下，利用锋利的口器啃食树干、树根、粗枝，留下或弯或直的坑道。坑道内满是天牛幼虫的粪便和细碎的木屑，有时还能看到大树流出的汁液。这些汁液仿佛是大树的眼泪，在控诉天牛幼虫的恶行！

　　天牛幼虫在化蛹之前，会啃食出一个较宽的坑道作为蛹室，并用纤维和木屑封住蛹室的两端，然后就在蛹室内沉沉地睡了。它们这一觉，时间有长有短，最短是几个星期。幼虫沉睡时间的长短与它们居住的树木的健康状况有很大关系，如果树木水分充足、枝干繁茂，幼虫沉睡的时间就短。

# 双叉大将军——独角仙

>> SHUANG CHA DAJIANGJUN—DUJIAOXIAN

夏天的傍晚，坐在树下乘凉时，经常能听到"嗡嗡嗡"的振翅声由远及近，这很可能就是独角仙飞过来了。独角仙是甲虫中的大个子，孔武有力，扇动一下翅膀，仿佛就能带起一股小旋风。它们的振翅声格外响亮。

## 英武的外形

独角仙属于鞘翅目，学名"双叉犀金龟"，体长 4 ~ 5 厘米，背脊隆拱，外壳呈栗褐色或者深棕褐色，闪着油润的光泽，如同将军的大螯。

雄性独角仙的头部生有一个长长的、末端分叉的角状突，所以得名"独角仙"。其实，独角仙背脊处也有一个顶端分叉的角，只是比较短小，不像头部的角那么醒目而已。雌性独角仙没有角。

## 力量的象征

独角仙十分强壮，能搬动相当于自身体重数百倍的物体，而它们那硬而锐利的角能轻易戳开其他甲虫的外壳。两"军"对峙时，独角仙的角如一把出鞘的利剑，直指敌人身体，充满惊心动魄的美！古往今来，

▼独角仙

独角仙都是力量的象征，受到人们的万分喜爱。有些国家的人还仿照独角仙的头部制作了武士头盔。

 **会变色的外壳**

独角仙的外壳会随着环境的变化而变色。一般情况下，独角仙的外壳呈栗褐色或者深棕褐色；在光线照射下，它们的外壳会变成绿色；当水渗入外壳的多孔层，阻碍了光线照射时，它们的外壳又会变成黑色。独角仙的外壳简直是空气干湿程度的预测表。有人说，独角仙这样做是为了躲避天敌的追捕；也有人说，它们这样做是为了在湿度较大的夜晚保持体温。

 **"C"形鸡母虫**

独角仙属于完全变态昆虫，其幼虫学名"蛴螬"，俗名"鸡母虫"，多生活在土里，以朽木、腐烂的植物为食，身体软而有弹性，呈乳白色。鸡母虫非常胆小，经常蜷缩成"C"形，仿佛这样就能保护自己似的。如果不小心碰了它们一下，它们就会立刻蜷缩得更紧，成了一个完整的球形。

# 会"求饶"的甲虫——叩头虫

甲虫世界光怪陆离，不同科属的甲虫有着截然不同的生活习性，就连逃跑方式都千差万别。有一种甲虫叫叩头虫，一旦被捉住，就会不停地叩头"求饶"，有趣极了！

##  我们是叩头虫

我是叩头虫，有很多兄弟姐妹，全世界已知的有 8000 余种。现在，让我来做一下具体介绍吧。

我们属于鞘翅目叩甲科，身体略扁，细长，披着一件密布短毛的栗色外衣，长着一对圆圆的复眼。我们属于完全变态昆虫，幼虫期和蛹期生活在地下，成长为成虫后生活在草丛、灌木丛等处。

小时候的我们肤色金黄，长得又细又长，像根针，所以别人又叫我们"金针虫"。植物的种子、根和地下茎等都是我们的最爱。长大后，玉米、麦子、棉花、高粱等都是我们爱吃的植物。

## 安能辨我是雄雌

雌、雄叩头虫的外表几乎一模一样，要想分辨出我们的性别，必须仔细观察我们的触角才行。比如，我是只雄虫，我的触角是锯齿状的，一般有 11 节；而我的姐妹们的触角是线形的，长长的，一般有 12 节，能触碰到翅膀尖。

▼叩头虫

　　我们一旦被摁在地面上，就会用脑袋和胸部一上一下地叩击地面，发出清脆的声音。即使将我们仰面朝天地摁住，我们也会做出同样的动作来。这个动作和胆小的人磕头求饶的动作一模一样。所以，很多人都把我们当成胆小鬼。

　　其实，我们很冤枉。我们叩头只是为了瞬间弹跳起来，逃脱敌人的掌控而已。而且，这种叩击声是我们传递信息、吸引异性的手段呢。

　　所以，小朋友们，请不要再人云亦云地用"胆小鬼"来侮辱我们了。不过你们若称呼我们"演技派明星"，我们是不会介意的。

## 叩头原理

　　所有甲虫中，为什么只有我们叩头虫能做出叩击的动作呢？原来，我们的身体被一层坚硬的甲壳包着，这层甲壳的不同部位被称为板，如胸板、腹板等。我们的前胸背板活动自如，前胸腹板中部向后还有一个突出的部分，当我们的头、胸向腹部弯曲时，这个突出的东西就正好插入中胸腹板前缘的一个沟槽中。当我们做仰卧动作时，前胸就将那个突出体弹出沟槽，并发出清脆的响声，我们也就能借力一跃而起了。

# 会"拦路"的甲虫——虎甲虫

HUI "LANLU" DE JIACHONG—HUJIACHONG

**很**多甲虫都喜欢在傍晚出来活动，因为这个时候比较安全。虎甲虫可没这种安全意识，它们最喜欢在光线充足的白天捕食。

##  贪吃的虎甲虫

虎甲虫体长2厘米左右，复眼突出，甲壳色彩鲜艳，很多是绿色基底上夹杂着金绿色或金色的条带，两侧均匀分布着斑斓的色斑。

▼虎甲虫

虎甲虫非常贪吃，一整天都在忙碌一件事——捕捉各种小虫。被虎甲虫盯上的小虫，大多逃不掉被吃掉的命运，因为虎甲虫奔跑的速度特别快，而且能低飞捕食猎物。

虎甲虫只有在"拦路"的时候，才会停下捕食的脚步。当人走在路上时，虎甲虫会大马金刀地拦在路中间；当人向前迈步时，它们又会突然向后短距离飞翔，在人前方不远处继续"拦路"。难道它们将"拦路"当成了有趣的游戏？

##  会挖陷阱的幼虫

虎甲虫的幼虫叫骆驼虫，也是捕食的能手。它们会挖一个垂直向下的坑，自己藏身其中，伸出触角和上颚在洞口处轻晃。有些小虫以为那是小草，就兴冲冲地飞奔过去，刚到洞口，就被骆驼虫的上颚紧紧地钳住了，成为骆驼虫的美餐。

# 短跑运动员——步甲虫

**步**甲虫和虎甲虫一样，都是一种善于奔跑的甲虫，一旦受惊，就会立刻迈开 6 条有力的细腿，"蹬蹬蹬"跑出好长一段距离，感到安全后才会停下来。如果还是没逃掉，步甲虫会使出最后一招——装死。

▲步甲虫

##  夜行的猎手

虎甲虫白天出现，而步甲虫夜间出现，这是两者最大的区别。每当夜幕降临，步甲虫就出来觅食了。它们中等身材，披着色泽幽暗的甲壳，瞪着圆圆的复眼，聚精会神地巡视着自己的领地，一旦发现猎物，就立刻急速奔去，将其一口咬住。步甲虫不善飞翔，但奔跑迅捷，往往在猎物还没反应过来的时候，就已经捕猎成功了。

步甲虫大多呈黑色或者褐色，体表光洁或生有稀疏的毛。少数步甲虫外表颜色鲜艳，带有黄色斑块。

##  会放炮的射炮步甲

射炮步甲是步甲虫军团中的炮手。它们在遇到危险时，会将尾部对着敌人，"砰"的一声，发射出有毒的"炮弹"，以达到自保的目的。

射炮步甲腹部末端有个小囊，里面贮存着有毒的液体。毒液与射炮步甲体内的化学物质发生猛烈反应，在射炮步甲射液时会发出"砰"的声音。射炮步甲遭遇危险时，就会射出毒液，毒液在高温下瞬间汽化，形成毒气"炮弹"，喷向敌人。

▲花金龟

# 戴"冠冕"的甲虫——花金龟

DAI "GUANMIAN" DE JIACHONG—HUAJINGUI

❝"最美甲虫"的头衔落在了金龟子头上，花金龟很不服气。它们觉得自己也很漂亮：方形微扁的身躯；色彩明亮而有光泽的甲壳，大多还具有彩色的花纹；头部有一个大小不等的突起物，看起来很像皇帝头上戴的冠冕，非常威严。雄性花金龟的"冠冕"通常更发达。

 **热感应器**

花金龟不喜欢寒冷的气候，虽然世界各地都能见到它们的身影，但热带才是它们最喜欢待的地方。有些花金龟的中足基部有热感应器，能探知更温暖的地方。这类花金龟会依靠热感应器来寻找刚烧过的森林等温度高的地方，因为这类地方更适合交配和产卵。

 **依靠背部行走的幼虫**

花金龟的幼虫特别有趣。它们大多蜷缩成"C"形，生活在土壤下，很少离开自己的"屋子"。如果你将它们挖出来放在地面上，就会看到，它们好像不好意思见人似的，急忙伸缩背部的肌肉，一扭一扭地向前"爬"去。

300

# 穿"毛衣"的甲虫——郭公甲

CHUAN "MAOYI" DE JIACHONG—GUOGONGJIA

▼郭公甲

在亚热带和热带地区，经常能见到一种穿着"毛衣"的甲虫，它们就是郭公甲。郭公甲的身体上布满了长长的毛，好像穿着一件大毛衣。

郭公甲属于中小型甲虫，体形修长、略扁，摸上去软软的。大多数种类色彩艳丽，呈红、绿、蓝或粉红色；少数种类为了伪装，穿着褐色或黑色的"外套"。

 ## 奇特的食性

甲虫大多喜欢吃植物的茎叶或捕食其他小昆虫，也有喜欢吃动物尸体的。这三种美味的食物却无法引起大多数郭公甲的兴趣。大多数郭公甲喜欢抢人类的食物吃，腌肉、干鱼、椰子干、无花果干等都是它们的最爱。人类贮存食物的仓库是它们最喜欢待的地方。

所以，郭公甲理所当然地成了人见人恨的仓库害虫。

## 正义的幼虫

与破坏干果和腌制品的郭公甲成虫相比，郭公甲的幼虫简直是正义的化身。它们大多喜欢吃蛀木虫的幼虫，将破坏竹、木组织的害虫消灭在萌芽期。某些郭公甲的幼虫喜欢吃蜜蜂和黄蜂的幼虫，也取食蝗虫的卵。

# 和蚂蚁很像的甲虫——隐翅虫

**HE MAYI HENXIANG DE JIACHONG—YINCHICHONG**

大多数甲虫都喜欢用坚硬的鞘翅将身体包覆得严严实实的，以达到保护腹部的目的。可隐翅虫却将整个腹部暴露在外。原来它们的腹部能向上弯曲，呈蝎子尾巴状，其中，毒隐翅虫体内有毒液，对人有威胁。

## 不是蚂蚁

很多人都会将隐翅虫误认作蚂蚁，因为它们和蚂蚁颜色相似、体长相近，就连头、胸、腹的比例也差不多。

隐翅虫体长一般不超过 1 厘米，体表光滑，呈褐色或者黑色。少数种类的体表会有刻纹及艳丽的颜色或体毛。鞘翅短而厚，后翅发达，平时藏在鞘翅下面，不易被发觉，"隐翅虫"一名由此而来。一有敌情，它们就会迅速展开后翅，飞离险地。

## 小心，有毒

看似弱小的隐翅虫，有些种类也是不好惹的家伙。毒隐翅虫身体里含有"隐翅虫素"，这种物质具有很强的刺激性，与皮肤接触 15 秒左右，就会使皮肤起疱、溃烂，还伴有剧烈灼痛感。为了预防毒隐翅虫，我们要保持室内外卫生，采取一些驱虫措施，如喷洒花露水。若隐翅虫停留在皮肤上，千万不要用手直接拍打它，应用嘴吹气将其赶走；到郊外游玩时，要做好必要的防护，尽量穿长袖上衣和长裤。

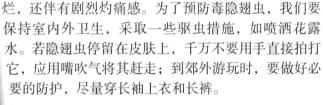

◀隐翅虫

# 瘦高个儿甲虫——三锥象甲

三锥象甲和象鼻虫是近亲，但两者长得可不太一样：象鼻虫身材圆润，看起来憨态可掬；三锥象甲却身体细长、消瘦，看起来瘦骨嶙峋的。下面，就让我们一起走进三锥象甲的世界吧！

##  独特的外貌

三锥象甲体形细长，身体两侧均匀分布着 6 条足，体表大多呈黑色、褐色或者黄色，坚硬的鞘翅上有黄色的斑纹。细长的头上有一个长且直、向前伸出的口器，触角位于口器前端，微微弯曲。

三锥象甲大多生活在热带地区，少部分在温带地区出现。它们喜欢藏在枯木松散的树皮下面。常见的种类有甘薯小象甲。

▲三锥象甲被捕食

## 多功能的嘴巴

对于雌三锥象甲来说，它们的嘴巴不仅是取食的工具，也是修筑卵房的利器。产卵之前，雌三锥象甲用长长的嘴巴在枯木上钻哪钻哪，直至钻出一个大小和深浅都合适的孔洞，然后小心翼翼地把卵产在里面。幼虫出生后，就取食腐烂木材中的真菌。

一般情况下，雄三锥象甲的嘴巴都比雌三锥象甲的嘴巴短。

# 穿"花外套"的甲虫——瓢虫

CHUAN "HUAWAITAO" DE JIACHONG—PIAOCHONG

**瓢**虫长得很漂亮，经常出没在田间、花园里。它们或飞舞在树间，或爬行于花茎，或栖息在叶片下面，看起来悠然自得。

▲瓢虫

##  漂亮的外形

瓢虫长得像半个小球，头部小小的，有一半缩在壳里，6条足又细又短。当瓢虫缩回足部，趴在草叶上时，看上去就是一个弧线顺畅的半球体，有趣极了！世界上已发现的瓢虫有5000余种，有的体表光滑，有的多毛。无论哪一种瓢虫，都穿着一件"花外套"：鞘翅呈红色、黄色、橙黄色或红褐色等，有明亮的光泽，并分布有黑色、红色或黄色的斑点。

很多人看瓢虫长得漂亮，就忍不住想捉它们，却往往被瓢虫吓走。因为瓢虫的体内含有一种成分为生物碱的液体，具有刺激性气味。一旦受困，瓢虫就会分泌这种液体，驱赶敌人。

##  成长的过程

瓢虫的成长速度非常快，从卵到成虫，只需要1个月左右的时间。瓢虫妈妈将卵产在温度适宜、食物充足的地方，幼虫出生后，就能吃到鲜美而充足的食物。幼虫的长相和父母不一样，它们是软软的肉虫子，呈节状，体表有坚硬的毛，这些毛是它们自保的武器。

▶七星瓢虫

为了储备化蛹的能量，幼虫没日没夜地吃东西。每蜕皮一次，幼虫的胃口就变得更大一些。蜕皮五六次后，幼虫就会找一个安全的地方，将自己挂在叶子底下，开始化蛹。在蛹内完成身体的转化，瓢虫成虫就出世了。刚出蛹的瓢虫，壳的颜色浅浅的、触感很柔软，尚未达到健康标准。它们要将自己暴露在阳光下几个小时，壳才会逐渐变硬，体色也才逐渐加深，斑点亦显现出来。

## 无恶不作的茄二十八星瓢虫

　　茄二十八星瓢虫简直是恶贯满盈，是无恶不作的害虫。它们喜欢吃叶肉，将叶子吃得只剩下叶脉；它们还喜欢吃果皮，导致果肉组织僵硬、粗糙、有苦味。很多植物都深受其害，如茄子、马铃薯、番茄、豆科植物等。

▼十二星瓢虫

▲茄二十八星瓢虫幼虫

## 疾恶如仇的朋友们

　　七星瓢虫是"活农药"，对加害树木、农作物的害虫恨得咬牙切齿，必除之而后快。麦蚜、棉蚜、槐蚜、桃蚜等，都是它们捕食的目标。此外，二星瓢虫、四星瓢虫、六星瓢虫、十二星瓢虫、十三星瓢虫、大红瓢虫、赤星瓢虫也是益虫。

# 胃口独特——阎甲虫

WEIKOU DUTE—YANJIACHONG

甲虫王国要聚餐啦，可谁都不愿跟阎甲虫坐在一起，"高贵"的二十八星瓢虫把头藏进美味的茄子叶里，几乎要呕吐出来了。原来，阎甲虫带来的美食竟然是臭烘烘的粪便！

 **缩脑袋的小甲虫**

阎甲虫个子不大，最长也不过2厘米，有的种类圆乎乎的，有的种类则是椭圆形的。不论哪种阎甲虫，都有点儿害羞，常把小脑袋向后深缩在前胸背板中，你若不仔细观察，准会以为这些小家伙是没脑袋的小怪物。不过当它们意识到危险远去时，就会偷偷伸出来小脑袋。

阎甲虫头上的触角略呈膝状，一般有10节或11节。上颚明显前突，而下颚常常被扩大的"下巴"遮挡得严严实实。

在甲虫家族中，阎甲虫乍看上去貌不惊人，其实，它们的翅膀跟其他甲虫比毫不逊色。它们的鞘翅一般呈黑色或金属色，少数为红色或双色混杂。硬壳包裹着身体，是非常出色的"盔甲"。

**长相奇怪的幼虫**

阎甲虫的幼虫身体一般类似小小的长柱体，有的较为平扁。和爸爸妈妈不同，幼虫的身体大部分地方颜色很浅，只有头部、胸部背板和尾须色彩稍深。腹部背板和腹板上有小的硬化骨片，头侧无单眼或仅有1只单眼。

▲阎甲虫

**臭的才好吃**

　　虽然在甲虫聚餐会上，阎甲虫遭到了很多冷眼。但它们一点儿都不在乎，对别的甲虫来说，动物腐烂的尸体、粪便都臭不可闻，但对它们来讲，这些都是隐藏美味的绝佳场所。你瞧，这只阎甲虫从面前的粪便里发现了很多蝇蛆，那只阎甲虫则从枯树皮里抓出了很多蛀虫。蝇蛆和蛀虫都是坏蛋，爱吃这些坏蛋的阎甲虫自然是响当当的益虫了。

 **阎甲虫住在哪儿**

　　阎甲虫实在太神奇了，我们该去哪里找它们呢？

　　阎甲虫家族大多喜欢生活在沙质地和海岸。到了那里，你不妨多翻翻枯木树皮，仔细观察树皮上的小孔、小洞，这些孔洞是蛀虫的家，阎甲虫可喜欢去蛀虫家里捕猎了。如果在树皮里找不到阎甲虫，你还可以去拜访白蚁或者蚂蚁的家，有些阎甲虫和它们关系很好，直接住在它们的巢中，与它们共同生活。此外，你还可以找找啮齿类的洞，运气好的话，也会看到阎甲虫。

# 微型"面包"——黄粉虫

>> WEIXING "MIANBAO"—HUANGFENCHONG

**黄**粉虫又叫面包虫，老家在北美洲，19世纪50年代，一部分成员才"移民"至中国。对于黄粉虫的到来，人们表示热烈欢迎，因为它们的营养价值实在太高了。

▼黄粉虫

 **成长历程**

在一个昏暗的角落里，黄粉虫爸爸和黄粉虫妈妈相遇了，它们迅速坠入爱河。后来，黄粉虫妈妈就有了小宝宝，它把卵产在了人们早早准备好的筛孔里。卵是乳白色、椭圆形的，个子小小的，只有1～2毫米长，外面是薄薄的卵壳，里面是白色的乳状黏液。

卵长啊长，慢慢地，长成了幼虫。幼虫长约35毫米，宽约3毫米，像细长的小圆筒。"小圆筒"披着黄色带光泽的外衣，有13个小节，各节连接的地方有黄褐色的环纹，十分耀眼，黄粉虫的名字正是由此而来。

▼黄粉虫幼虫

大概50天后，幼虫开始化蛹。蛹脑袋大尾巴小，两侧像锯齿，开始较柔软，穿着白色半透明的"外套"，渐渐地，越来越硬，"外套"也随之变成了褐色的"盔甲"。

在适宜的温度下，约1星期后，蛹就会变成成虫。成虫刚爬出蛹"房子"时是乳白色的，甲壳很薄，身体娇弱。不过10来个小时后，成虫就变得结实起来，长约14毫米，宽约6毫米，黑褐色或褐色的甲壳又厚又硬。和其他甲虫一样，成虫也有漂亮的翅膀，可并不擅长飞行，只能短短地飞一会儿。

## 脾气真暴躁

黄粉虫喜欢一群群生活在一起，白天的时候还算安静，黄昏后，就活蹦乱跳起来。在冬天，它们会正常生长。

这些小家伙天性残忍，喜欢打打杀杀：当食物不够、活动空间太挤时，它们会打起同伴的主意，猛扑上去，一通撕咬；当环境太干燥时，它们的脾气会异常暴躁，然后就把火气发泄到同伴身上。

## 蛋白质饲料宝库

俗话说，人不可貌相。在昆虫界，这个道理也行得通。别看黄粉虫个子不大，可营养价值实在不可小觑，尤其是蛋白质含量高得惊人：干燥的黄粉虫幼虫约含 40% 的蛋白质，蛹约含 57%，成虫约含 60%，所以黄粉虫被称为"蛋白质饲料宝库"。

在动物园中，黄粉虫是上好的饲料，不论是树上的鸟、地上的蛇，还是水中的鱼、蛙，都对黄粉虫情有独钟。

# "彩虹的眼睛"——吉丁虫

"CAIHONG DE YANJING"—JIDINGCHONG

**谁**是最美的甲虫？大家都说非七星瓢虫莫属。吉丁虫听说后，非常不服气，它扇动着金属色的美丽翅膀，高傲地飞来飞去，在阳光的照射下闪闪发光。

 ## 外表很绚丽

吉丁虫成虫的大小、形状因种类而异，小的不足1厘米，大的超过8厘米。吉丁虫的头较小，触角短，足短。吉丁虫的体色非常美丽，特别是鞘翅色彩绚丽，有蓝色、铜绿色、绿色、橘黄色、红色等，丝毫不比彩虹逊色，所以人们称其为"彩虹的眼睛"。

▲吉丁虫

 ## 幼虫很丑

吉丁虫成虫很美，幼虫却奇丑无比，幼虫的身体又长又扁，前胸膨大，腹部细长，颜色呈乳白色。有人认为幼虫觉得自己太丑了，所以才一直躲在树木里不露面，其实它们是潜伏在其中蛀食树木，它们是林木、果木的重要害虫。

## 保命有花招儿

长得太耀眼也有害处，吉丁虫绚丽的翅膀虽然可以使崇拜者大饱眼福，但也常常让吉丁虫在敌人面前暴露无遗。不过吉丁虫很狡猾，当发现敌人的踪迹时，它们会停止飞行，然后迅速落在树枝上，变成一个暗黑色的隆起。这样一来，敌人就很难在杂乱的树

枝中找到它们了。

除了拟态，吉丁虫还能装死保命。就拿梨金缘吉丁虫来说吧。在温度较低的夜晚，梨金缘吉丁虫如果遇到危险，就会收起翅膀，"啪"地落地装死。这个方法常常奏效，可是遇上连死昆虫也吃的敌人时，它们就只能怪自己的运气太糟了。

 ## 以树为家

吉丁虫自诩为恋树虫，几乎一辈子以树木为家。殊不知，树木恨死这些涎皮赖脸的住户了。

幼虫时期，吉丁虫片刻不离树木，刚从卵里爬出来，就开始蛀食树木的枝干皮层，或者躲在树叶里大吃大喝。吃喝之余，它们还会在树皮里大肆破坏，让树皮爆裂。所以，它们又叫爆皮虫。

天气越来越凉，幼虫为了安全越冬，便钻进树木内部，在靠近树芯的地方建出一个小屋子，然后躲在其中化蛹。

当幼虫变成成虫后，便不再对树木寸步不离，但仍旧以树为家，饿了吞食枝叶，累了落在树干向阳的地方休息。一般来说，每天上午 10 点到下午 4 点，它们会把卵产在树干阳面的树皮裂缝里。下一代孵出后，会继续作恶。

# 水中小霸王——龙虱

"能在水中游，出水便能飞，性情凶霸狠，遇食玩儿命追。"咦，这是在说什么虫子呀？猜对了，谜底便是龙虱。龙虱贪吃如猛虎，残忍胜饿狼，偏偏又一身武艺，游、潜、爬、飞，样样精通，实在是不折不扣的水中小霸王。

##  给小霸王画像

龙虱是椭圆形的，身子又扁又平，身体大部分地方的颜色是黑黑的，有的种类的硬壳上有条纹或小斑点。龙虱的复眼突出，长在头的后边；前足、中足小小的，后足很发达，扁扁的像小船桨。

◀龙虱

##  潜水高手

龙虱可以称得上是"潜水高手"，你瞧，一只龙虱一下子扎进水中，姿势要多潇洒有多潇洒。不过岸上的"观众"等了好久，也没见它浮出水面来，糟糕！难道它被水呛死了？不用担心，龙虱的潜水本领强得很，能长时间潜入很深的塘底，即使冬季，也能在厚厚的冰层下舒服地待着。

为什么龙虱潜水不用带氧气罩呢？原来，龙虱的鞘翅下面有一个贮气囊，比氧气罩强大多了，不仅能贮存氧气，还能在水中定位。龙虱停在水面时，前翅会轻轻抖动，

把体内含有二氧化碳的废气排出，然后利用
气囊的收缩压力，从空气中吸收新鲜空气。
龙虱依靠贮存的新鲜空气，就可以潜入水
中生活了。当气囊中氧气用完时，龙虱
会游出水面，重新排出废气，吸进新鲜
空气。

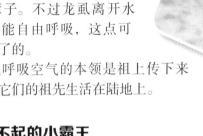

　　对于龙虱的潜水表演，鱼无动
于衷。是呀，贮气囊再厉害，氧气
也有用完的时候，鱼则能在水里
生活一辈子。不过龙虱离开水
面，照样能自由呼吸，这点可
是鱼比不了的。

　　龙虱呼吸空气的本领是祖上传下来
的，因为它们的祖先生活在陆地上。

## 惹不起的小霸王

　　对于龙虱的潜水表演，不论是岸上的"观众"还是水里的"观众"，都只能远
远地看。原来，龙虱性情凶残，十分贪吃，它们的食谱上不仅有小鱼、小虾、软体
动物、昆虫、蝌蚪，还有比自己身体大好几倍的青蛙。

　　龙虱幼虫的上颚长得像尖锐的镰刀，是中空的，能往猎物体内注射消化液，从
而吸食猎物身体组织。成虫看见猎物就会拼命地追杀，然后大吃特吃，不吃撑不罢
休。所以，如果龙虱发现"观众"唾手可得，又怎会"嘴下留情"呢？

昆虫百科全书

KUNCHONG BAIKE QUANSHU >>>

# 好坏参半——芫菁

>> HAO HUAI CAN BAN—YUANJING

**在**昆虫王国中，有些昆虫祸害庄稼，我们
称它们为害虫；有些昆虫为植物授粉，是害
虫的天敌，我们称它们为益虫。除了益虫和
害虫，还有些昆虫好坏参半，例如我们下面
介绍的这位——芫菁。

## 身着燕尾服

芫菁是芫菁科昆虫的统
称，它们大多身长在3厘米以内，身体呈长圆筒
形、黑色、绿色或棕黄色等，外形优雅，就像一个穿着黑色
修身燕尾服的绅士。颈部狭窄，头部向下，后背有鞘翅，柔
软的翅膀隐藏在鞘翅里。双眼间有短短的触角。3对灵活的节肢
状腿非常灵活，爬行速度很快。芫菁在全世界约有2300种，分布
在世界各地，在我国大约有130种。

▶芫菁

## 复杂的成长历程

雌性芫菁每次可产卵3000~4000枚，这个产卵量就算是放眼整
个昆虫王国都能称得上罕见，但因为卵的发育过程太复杂，导致只有

很少一部分从卵中孵化的幼虫能够长大。大多数都在不同的发展阶段，因为不同的原因死掉了。我们知道大多数昆虫经历卵、幼虫、蛹、成虫4个阶段，而芫菁的生长过程却很独特，它们虽然也有卵、幼虫、蛹、成虫这4个阶段，但它们的幼虫发育时间太长，整整要经历4个过程，分别是一龄幼虫、二龄幼虫、三龄幼虫和四龄幼虫。

一龄幼虫的生涯是从成虫把它们产在蜂卵等上开始的，它们把寄主卵内的汁液吸光，然后蜕变成二龄幼虫。蜕变后的二龄幼虫抛弃了寄主卵，而开始吃母蜂为幼蜂准备的蜂蜜，渐渐地二龄幼虫可以站立起来，并且排出红色的粪便。二龄幼虫经过一段时间后变成三龄幼虫，它们一动不动，跟普通的蛹一样，有人称它们作拟蛹。它们沉睡很久后会蜕变，不过这个时候的幼虫并没有变成成虫，而是重新变成了二龄幼虫的模样，但此时它们是四龄幼虫，经过蜕变结蛹后，四龄幼虫就进入昏睡状态，直到破蛹变为成虫。

## 既有益又有害

和芫菁的发育过程一样复杂的是它们的性格，作为植食性的芫菁，对农作物会有危害，比如它们会啃食豆类、黄麻、马铃薯、花生、甜菜等作物。不过它们的幼虫又是寄生性的，如果寄生在蝗虫等害虫的卵上，就有利于抑制蝗虫的危害。除此之外，芫菁还具有很重要的医学价值。它们身上携带的斑蝥素虽有剧毒，但经过临床试验证明，这种斑蝥素在治疗癌症方面有一定的疗效。它们真是令人又恨又爱的家伙呀！

# 昆虫研究室
## ——当一天的昆虫

**昆**虫看似不起眼儿，但说它们统治了地球也不为过。它们不仅数量多，而且本领惊人。现在我就挥动魔法棒，把你变成昆虫。不过你得抓紧时间，魔法只有一天的有效期。

### 与恐高症说"再见"

人类从高处落下，需要降落伞的帮助才能安然无恙。如果你变成了昆虫，你会发现，从任何高度落下你都会安然无恙。而且你再也不会因为处在高处而头晕目眩了，因为你已经适应了这种高度。

### 飞檐走壁

很多人都羡慕电影中那些飞檐走壁、身轻如燕的大侠，可也清楚那只是虚构的，地球上存在重力，不借助特殊工具，人不能离地面太远。如果你变成了小昆虫，这个问题就迎刃而解了。因为你太轻了，而且你的脚可以与墙壁等物体产生黏合力，这种力很大，胜过一心想把你拉下去的重力。

## 无敌水上漂

如果在水上，能像在陆地上一样自如行走，那该多好！同样，在这一天的昆虫之旅中，这个梦想也可以实现。昆虫很轻，水分子之间的黏合力能为昆虫在水的表面形成一层"隔膜"，使得变成昆虫的你可以在水面上自由行走。

## 过足运动瘾

成为昆虫，就代表你将成为运动健将。比如，如果你变成了蚂蚁或者独角仙，就可以成为举重健将，轻易地举起比自己体重重许多倍的东西。

## 实现飞翔梦

想飞？变成飞虫就行了。变成蜻蜓，你可以成为飞行之王；变成蝴蝶，你可以扇动着翅膀出没在花丛中；如果你不巧变成了苍蝇，那还可以在空中表演杂技呢。

## 世界不一样了

昆虫的眼睛和人类的眼睛不同，看到的世界也不同。至于昆虫眼中的世界究竟是什么样的，科学家也不知道。等你结束昆虫一日游后，请告诉我答案。

……

变成昆虫很有趣吧？也不尽然！当昆虫的坏处也多着呢！变成昆虫后，可爱的小鸟眨眼间成了不共戴天的仇人，妈妈说不定会拿着苍蝇拍追杀你……简直处处有危险，每一刻都不安全，所以玩够了就赶紧变回人类吧。